1+X证书制度试点培训用书 · 5G承载网络运维

5G承载网络运维

（初级）

徐爱波　金从元　何　琼◎主编
周　泉　左应波　耿晶晶◎副主编

人民邮电出版社
北京

图书在版编目（CIP）数据

5G承载网络运维 : 初级 / 徐爱波, 金从元, 何琼主编. -- 北京 : 人民邮电出版社, 2022.3
1+X证书制度试点培训用书
ISBN 978-7-115-57108-3

Ⅰ. ①5… Ⅱ. ①徐… ②金… ③何… Ⅲ. ①第五代移动通信系统－技术培训－教材 Ⅳ. ①TN929.53

中国版本图书馆CIP数据核字(2021)第161410号

内 容 提 要

本书包含5G系统架构的认知、5G承载网设备安装、5G承载网中的以太网技术、5G承载网中的IP路由技术、5G承载网测试与验收、5G承载网络维护等内容。本书以“项目—任务”的形式组织基础理论和操作实训的知识点，使读者既能了解5G的基本概念，又能掌握5G承载网的基本原理、设备安装和开通、业务测试与验收、网络日常维护等方面的基础知识与应用技能。

本书可用于1+X证书制度试点工作中的5G承载网运维职业技能等级证书的教学，也可供5G承载网维护人员使用。

◆ 主　　编　徐爱波　金从元　何　琼
副 主 编　周　泉　左应波　耿晶晶
责任编辑　李　强
责任印制　陈　犇

◆ 人民邮电出版社出版发行　　北京市丰台区成寿寺路11号
邮编　100164　　电子邮件　315@ptpress.com.cn
网址　https://www.ptpress.com.cn
涿州市京南印刷厂印刷

◆ 开本：787×1092　1/16
印张：12.5　　2022年3月第1版
字数：260千字　　2022年3月河北第1次印刷

定价：69.80元

读者服务热线：(010)81055493　印装质量热线：(010)81055316
反盗版热线：(010)81055315
广告经营许可证：京东市监广登字20170147号

编辑委员会

主　编：徐爱波　金从元　何　琼

副主编：周　泉　左应波　耿晶晶

编　者：薛建军　薛　明　代谢寅　刘　俊　刘启芳　何　贤

冉维佳　陈文尧　叶　青　欧阳才校　卢高洁　朱　芸

王晓静　施亚齐

前言
FOREWORD

2015 年，国际电信联盟无线电通信部门（ITU-R）正式批准了 3 项有利于推进未来 5G 研究进程的决议，并正式确定了 5G 的官方名称是“IMT-2020”。作为新一代移动通信技术，5G 支持更高的峰值速率和用户体验速率、更强的移动性、更低的时延、更大的连接密度、更大的流量密度和更高的能效。同时，ITU-R 定义了 5G 支持的三大业务场景：增强型移动宽带（eMBB）、海量机器类通信（mMTC）和超可靠低时延通信（uRLLC）。3GPP 定义无线网和核心网应支持切片功能，以保证多场景下的业务体验。因此，5G 的目标不仅仅是满足个人用户带宽增长的需求，更是将移动通信渗透到各个行业和领域，实现万物互联。

我国从 2017 年开始 5G 试验，2018 年启动 5G 试点。2019 年 6 月 6 日，工业和信息化部（以下简称“工信部”）正式向运营商发放 5G 商用牌照。2019 年 10 月 31 日，工信部与我国三大电信运营商举行 5G 商用启动仪式，5G 套餐上线，中国正式进入 5G 商用时代。2020 年，在我国提出的“新基建”中，5G 位于首位，是最根本的通信基础设施，可为数据中心、人工智能和工业互联网等提供重要的网络支撑，是数字经济的重要载体。我国的电信运营商正如火如荼地进行着 5G 建设。

5G 包含基站、核心网、承载网三大网络实体。通信行业有一句俗语，“5G 建设，承载先行”。2020 年年初，我国三大电信运营商均正式启动 5G 承载网的建设。移动承载网作为无线接入网和核心网之间的桥梁，是 5G 流量在城域范围内的重要传输通道。为解决无线通信业务量增长、5G 无线接入网架构变化、5G 核心网用户面下沉、部分业务要求更低时延和高精度时间同步等问题，5G 承载网必须引入高速率以太网、FlexE（灵活以太网）、SR（分段路由）、HoVPN（分层 VPN）、IPv6、超高精度时间同步和 SDN（软件定义网络）等新技术。新需求、新技术的引入必然带来承载网运维方式的转变，而目前我国 5G 承载网建设和维护人才紧缺。

2019 年，教育部、国家发展和改革委员会、财政部、市场监管总局联合印发《关于在院校实施“学历证书 + 若干职业技能等级证书”制度试点方案》，重点围绕服务国家需要、市场需求、学生就业能力提升，从 10 个左右职业技能领域做起，稳步推进 1+X 证书制度试点工作。试点院校以高等职业学校、中等职业学校（不含技工学校）为主，本科层次职业教育试点学校、应用型本科高校及国家开放大学等积极参与。信息通信技术（ICT）就是其中的领域之一。

武汉烽火技术服务有限公司作为国内知名的 ICT 领域综合服务提供商，隶属于中国信息科技集团（简称中信科）旗下烽火通信科技股份有限公司，而烽火通信的传输网、承载网等专业的产品和解决方案，伴随着移动通信技术在我国自 2G 到 5G 近 30 年的发展历程。为解决 5G 承载网运维人才紧缺的问题，武汉烽火技术服务有限公司积极参与 1+X 项目，与武汉软件工程学院联合推出“1+X 证书制度试点培训用书 • 5G 承载网络运维”系列教材，并提供全套的配套教学解决方案。

本书内容依据 5G 承载网维护专业人才培养目标和相关职业岗位的能力要求而设置，以帮助读者储备必要的 5G 承载网的理论知识，培养读者在 5G 承载网具体维护工作中的实践能力。

本书的特色如下。

1. **重实践。**内容设计围绕实际维护岗位的具体工作，以任务式的方式引导读者学习基础理论并掌握安装、开通、验收、调测、日常维护等各项实操技能，符合教育部 1+X 职业认证标准要求。

2. **易学习。**全书语言通俗易懂，图文并茂，每个项目均配备难点习题和教学视频。本书附带的习题答案可通过扫描右侧二维码获取，教学视频可通过扫描各个项目的二维码在线观看。

3. **专业性强。**本书由国内主流通信设备厂家的培训专家和高职院校的资深教师联合编写。编者有丰富的现网工作和教学经验，而且对运营商的发展历程、网络现状和通信行业人员的学习诉求均非常了解。因此，本书在知识的专业性、设计的逻辑性和内容的实用性方面均有较高的水准。

随着 3GPP 5G 版本的持续演进，我国电信运营商的 5G 承载网组网方案也将不断优化，我们将随时关注技术动态，进一步补充和修正书中的内容。书中如有不妥之处，敬请广大读者批评指正。

编写组

2021 年 4 月

目录

CONTENTS

项目 1 5G 系统架构的认知

任务 1 移动通信发展历程 / 2

任务 2 5G 关键性能指标 / 6

1.2.1 5G 应用场景 / 6

1.2.2 5G 关键能力 / 7

任务 3 5G 网络架构及其系统组成 / 10

1.3.1 5G 网络架构 / 10

1.3.2 5G 接入网架构及关键技术 / 14

1.3.3 5G 核心网架构及关键技术 / 16

1.3.4 5G 承载网架构及关键技术 / 18

项目 2 5G 承载网设备安装

任务 1 5G 承载网设备 / 26

任务 2 5G 承载网设备安装 / 32

2.2.1 5G 承载网设备安装流程 / 32

2.2.2 设备安装相关硬件 / 32

2.2.3 安装准备 / 35

2.2.4 子框安装 / 37

2.2.5 线缆安装 / 42

2.2.6 光纤布放 / 45

2.2.7 实训单元——设备安装 / 46

任务 3 5G 承载网设备硬件测试 / 49

2.3.1 检查线缆布放 / 49

2.3.2 上电检查 / 50

2.3.3 输出硬件测试记录 / 51

项目 3 5G 承载网中的以太网技术

任务 1 以太网交换原理 / 54

3.1.1 TCP/IP 体系架构 / 54

3.1.2 以太网的起源和发展 / 59

3.1.3 以太网帧的结构 / 62

3.1.4 以太网的交换原理 / 63

3.1.5 以太网链路聚合 / 65

3.1.6 实训单元——以太网链路聚合配置 / 67

任务 2 虚拟局域网（VLAN）技术 / 69

3.2.1 VLAN 的作用 / 69

3.2.2 VLAN 的帧结构 / 71

3.2.3 承载网中的 VLAN 应用 / 73

3.2.4 实训单元——VLAN 子接口配置 / 75

项目 4 5G 承载网中的 IP 路由技术

任务 1 IP 基础知识 / 78

4.1.1 IPv4 地址 / 78

4.1.2 子网划分与路由聚合 / 82

4.1.3 ICMPv4 及应用 / 87

4.1.4 ARP 工作原理 / 90

4.1.5 DHCP 工作原理 / 91

4.1.6 IPv6 地址 / 95

4.1.7 实训单元——网络侧的 IP 地址规划 / 97

4.1.8 实训单元——网络侧的 IP 地址配置 / 99

4.1.9 实训单元—— 使用 DHCP 为基站分配 IP 地址 / 100

任务 2 IP 路由基础 / 103

4.2.1 路由分类 / 103

4.2.2 IP 路由转发原理 / 104

4.2.3 实训单元——控制器的静态路由配置 / 107

4.2.4 实训单元——网元的静态路由配置 / 108

项目 5 5G 承载网测试与验收

任务 1 设备开通测试 / 112

5.1.1 网络管理系统的功能与组网 / 112

5.1.2 网络管理系统与设备的通信原理 / 120

5.1.3 网络管理系统创建拓扑 / 124

5.1.4 配置设备管理 IP / 126

5.1.5 实训单元——设备开通配置 / 128

5.1.6 实训单元——手工核查物理连纤 / 130

5.1.7 实训单元——网元配置文件保存 / 131

任务 2 可靠性倒换测试 / 133

5.2.1 主控单元 1 ∶ 1 硬件保护原理 / 133

5.2.2 测试主控单元 1 ∶ 1 硬件保护 / 134

5.2.3 实训单元——主控单元保护倒换测试 / 135

任务 3 输出验收报告 / 138

5.3.1 设备到货验收 / 138

5.3.2 5G 承载网初验 / 139

5.3.3 5G 承载网终验 / 139

5.3.4 输出初验报告 / 139

项目 6 5G 承载网维护

任务 1 承载网现场维护 / 142

6.1.1 现场维护操作规范 / 143

6.1.2 现场维护项目分类 / 150

6.1.3 检查结构安装和纤缆 / 150

6.1.4 检查机房配套设施 / 151

6.1.5 检查备件 / 152

6.1.6 更换机盘 / 152

6.1.7 更换光模块 / 154

6.1.8 清洁风扇单元 / 155
6.1.9 清洁整理设备 / 156
6.1.10 清洁光纤连接器 / 157
6.1.11 实训单元——常用维护操作 / 158

任务 2 承载网网管中心维护 / 160

6.2.1 网管中心维护操作规范 / 160
6.2.2 网管中心维护项目分类 / 162
6.2.3 网络管理服务器检查项目 / 163
6.2.4 网络管理系统检查项目 / 165
6.2.5 查询告警 / 170
6.2.6 查询性能 / 172
6.2.7 查询光功率 / 174
6.2.8 检查设备的运行状态 / 175
6.2.9 检查设备的数据安全 / 180
6.2.10 实训单元——网络管理服务器检查 / 181
6.2.11 实训单元——网络管理系统检查 / 183
6.2.12 实训单元——设备检查 / 184

任务 3 承载网维护记录表编写 / 186

6.3.1 日维护记录表 / 186
6.3.2 周维护记录表 / 188
6.3.3 月维护记录表 / 188
6.3.4 季维护记录表 / 189
6.3.5 年维护记录表 / 189

项目 1 5G 系统架构的认知

移动通信技术历经数十年发展，每一代技术革新都有自己的时代特点与意义，而 5G 的网络结构、终端和体验也会发生巨大变化，5G 将会重新定义移动通信。本项目将介绍 5G 的相关概念，为学习 5G 承载网的维护奠定基础。

- 了解移动通信的发展历史。
- 了解各代移动通信技术及特点。
- 掌握 5G 应用场景及关键能力。
- 理解 5G 接入网、核心网、承载网的架构及组成。

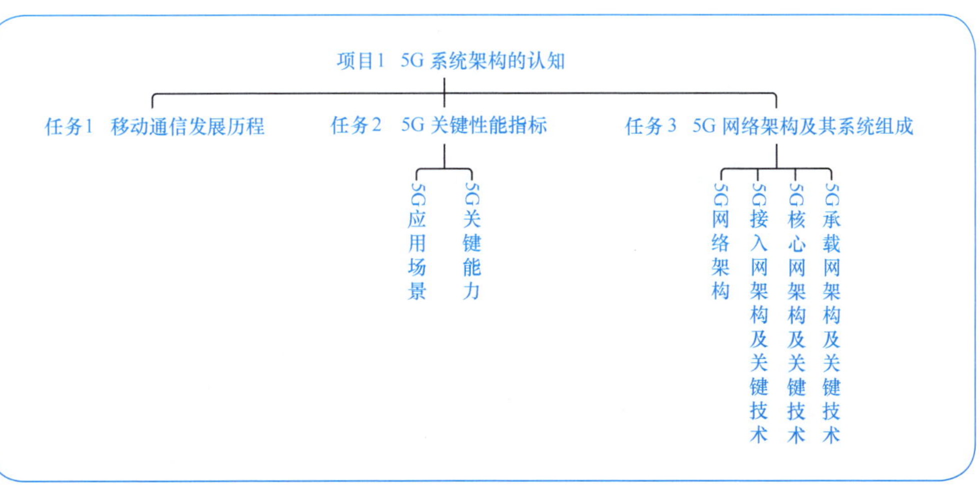

任务 1 移动通信发展历程

【任务前言】

4G 是什么？ 5G 又是什么？移动通信技术在演进过程中经历了哪些变化？带着这样的问题，我们进入本任务的学习。

【任务描述】

介绍历代移动通信技术的发展历史及特点。

【任务目标】

- 了解移动通信发展历史。
- 了解各代移动通信的特点。

知识储备

在移动通信技术 40 多年的发展历程中，大约每 10 年就要进行一次技术革新（如图 1-1 所示）。从 1G 到 5G 的演进，体现着人类对于科技孜孜不倦的追求，而科技也回馈人类，给人类的生活带来巨大的改变。

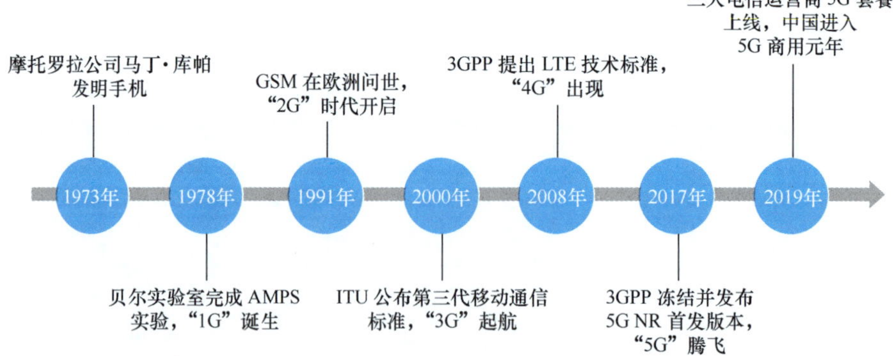

图1–1 移动通信发展历程

20 世纪 70 年代，摩托罗拉公司的马丁•劳伦斯•库帕（Martin Lawrence Cooper）（如图 1-2 所示）研发出世界上第一台移动电话。几年后，贝尔实验室完成了高级移动电话系统（AMPS，Advanced Mobile Phone System）的实验，1G 诞生。

图1-2 手机的发明者马丁·库帕

第一代移动通信系统（1G），主要采用的是模拟技术与频分多址（FDMA，Frequency Division Multiple Access）技术。FDMA 是把总带宽分隔成多个正交的信道，每个用户占用一个信道，在一个信道中同一时刻只能传送一个用户的业务信息。模拟通信技术有许多不足，比如语音质量低、覆盖范围较小、容易受到干扰，以及经常会出现“串话”（串话一般表现为甲和乙双方在建立通话后某一方突然听到另一个陌生人的声音）等问题。

尽管 1G 存在着容量有限、制式太多、互不兼容、保密性差、通话质量不高、不能提供数据业务及不能自动漫游等诸多不足之处，但是在当时仍是最先进的技术，并且 1G 的出现也为后续移动通信技术的改进和发展奠定了坚实的基础。

1990 年，第一版全球移动通信系统（GSM，Global System for Mobile Communications）标准制定完成，第二代移动通信系统（2G）登上历史舞台。相较 1G，2G 最大的不同在于其信令和语音信道都是数字的，这就使得 2G 既可以进行文本传输，又可实现短信业务。2G 的主流制式有两种：一种是欧洲的 GSM，另一种是美国的码分多址（CDMA，Code Division Multiple Access）。

GSM 基于时分多址（TDMA，Time Division Multiple Access）技术，CDMA 技术通话质量好、掉话少、保密性强、辐射低、更健康环保，而且在新业务的承载上，CDMA 更加成熟，可以提供更多的中高速率的业务。尽管 CDMA 占据各种技术优势，但是它起步较晚，而 GSM 已经在全球占据大部分市场份额。而且如果使用 CDMA，需要向高通公司缴纳巨额的专利授权费，所以虽然同属 2G 标准，CDMA 的影响力和市场规模都无法和 GSM 相提并论。GSM 是事实上的全球主流 2G 标准。

相比于 1G 而言，2G 的制式更加趋于统一，能实现真正意义上的全球漫游。在 2G 的中后期，更是开启了移动通信上网的新模式，加上互联网在全球的迅猛发展，二者相辅相成，为开启移动互联网时代奠定了基础。

第三代移动通信系统（3G）是国际电信联盟（ITU）在 2000 年提出的具有全球移动、综合业务、数据传输蜂窝、无线、寻呼、集群等多种功能，并能满足频谱利用率、运行环境、业务能力和质量、网络灵活及无缝覆盖等多个要求的全球移动通信系统，简称 IMT-2000 系统。写入国际标准的 3G 技术一共 4 种，分别是 WCDMA、cdma2000、TD-SCDMA 和 WiMAX。

尽管 3G 技术在 2000 年就已经成熟，但是一直不温不火，主要原因在于人们不知道该如何使用它。直到 2008 年，乔布斯发布了 iPhone 3G，有了 3G 网络的支持，iPhone 将传统的通信行业与互联网连接起来，彻底引爆人类不断增长的数据需求。自此，世界进入移动互联网时代。

但是，人类对于速度的追求是无止境的，更渴望“飞一般的感觉”，一旦到了没有 Wi-Fi 而是用 3G 的地方，就总是会有意无意地和 Wi-Fi 进行对比，希望移动网络的速度也能像 Wi-Fi 一样。于是采用正交频分复用（OFDM，Orthogonal Frequency Division Multiplexing）技术的第四代移动通信系统（4G）应运而生。

相比 3G，4G 网络在规范上有了前所未有的统一，全球均采用国际电信标准组织 3GPP（3rd Generation Partnership Project，第三代合作伙伴计划）推出的 LTE/LTE-Advanced 标准。4G 实现了更快速地上网，并基本满足了人们所有的互联网需求。相较于 3G，4G 在传输速度和时延上都有着非常大的提升，人们不仅可以观看高清电影，还可以直播互动，各类手游也接踵而至，而互联网行业也在 4G 网络的加持下蓬勃发展，移动互联网发展达到一个新的高度。如今 4G 已经像“水电”一样成为我们生活中不可缺少的基本资源。微信、微博、视频等手机应用成为生活中很重要的一部分，我们无法想象离开手机的生活。

4G 看似已经渗透到我们生活的方方面面，那我们为什么还需要新建 5G 网络呢？如果说 4G 改变生活，那么 5G 将改变社会。4G 主要实现的是人与人的连接，5G 将实现人与物、物与物的连接，即家庭、办公室、城市中的物体都可实现连接，走向智慧和智能，真正实现万物互联。

早在 2013 年，欧盟就成立了专门研究 5G 的组织——METIS（Mobile and Wireless Communications Enablers for the Twenty-Twenty（2020）Information Society，构建 2020 年信息社会的无线通信关键技术），这也是最早牵头研究 5G 的组织。随后世界各国和地区均持续加快研发 5G 技术的步伐，同时关于 5G 的标准也在同步推进。2017 年底，在 3GPP RAN 第 78 次全体会议上，5G 新空口（NR，New Radio）首发版本正式冻结并发布。在此版本中，提出了 5G 组网的两种方案——非独立组网（NSA，Non-Stand Alone）和独立组网（SA，Stand Alone）。而在 2019 年 10 月 31 日，三大电信运营商公布 5G 商用套餐，并于 11 月 1 日正式上线 5G 商用套餐，中国正式进入 5G 商用元年。

纵观 1G 到 5G 的演进历程，1G 到 4G 更多地改变的是人与人之间的沟通，随着移动通信网络技术的不断创新，用户终端不断小型化、便捷化和智能化，业务类型更加丰富化、多样化、全面化。而从 4G 到 5G，除了技术上的进步，更有应用领域场景的全面革新，已经远远超出对个人生活的影响，5G 成为国家基础设施的一个重要的组成部分。5G 是“新基建”中最根本的通信基础设施，既可为大数据中心、人工智能和工业互联网等其他基础设施提供重要的网络支撑，又可将大数据、云计算等数字科技快速赋能给各行各业，是数字经济的重要载体。

任务习题

1. 移动通信技术更迭中，文字（短信）的传输出现在（　　）。

   A. 1G　　B. 2G

   C. 3G　　D. 4G

2. 由模拟信号向数字信号升级的移动通信技术更迭是（　　）。

   A. 1G 到 2G　　B. 2G 到 3G

   C. 3G 到 4G　　D. 4G 到 5G

3. 一般来讲，下列哪种制式上网速度最快（　　）。

   A. GPRS　　B. EDGE

   C. WCDMA　　D. LTE

任务 2 5G 关键性能指标

【任务前言】

我们知道 5G 的到来将改变社会，实现万物互联，具体如何改变呢？即 5G 时代可实现哪些业务应用场景？另外，这些应用场景的达成又需要 5G 在哪些关键性能指标上有所提升呢？带着这样的问题，我们进入本任务的学习。

【任务描述】

介绍 5G 应用场景及关键能力。

【任务目标】

掌握 5G 的应用场景及关键能力。

知识储备

1.2.1 5G 应用场景

最初，METIS 给 5G 定义了很多场景，但是关键的性能指标主要集中于更快、更宽以及更省电，后来 ITU 将这些场景归类为 5G 三大应用场景，如下。

（1）增强型移动宽带（eMBB，enhance Mobile BroadBand）。

（2）海量机器类通信（mMTC，massive Machine Type Communication）。

（3）超可靠低时延通信（uRLLC，ultra Reliable & Low Latency Communication）。

这三大场景的特点及其对应的业务示例如表 1-1 所示。

表 1–1 5G 应用场景示例

场景	场景特点	示例
eMBB	高速率、高移动性、大带宽	超高清视频、AR/VR、高速移动通信等
mMTC	低功耗、低成本、广覆盖	数据采集、远程遥控、环境感知、人机交互等
uRLLC	低时延、高可靠性	工业互联网、自动驾驶等

从表 1-1 中得知，相较 4G，mMTC 及 uRLLC 业务充分体现了 5G 在垂直行业的应用，是 5G 的“杀手锏”业务。因三大场景业务特点迥然不同，为了在同一张物理网络上保证多场景下的业务体验，网络切片服务应运而生。通过切片技术可将物理资源虚拟成多个逻辑平面，形成图 1-3 所示的端到端 eMBB 业务、uRLLC 业务及 mMTC 业务切片。

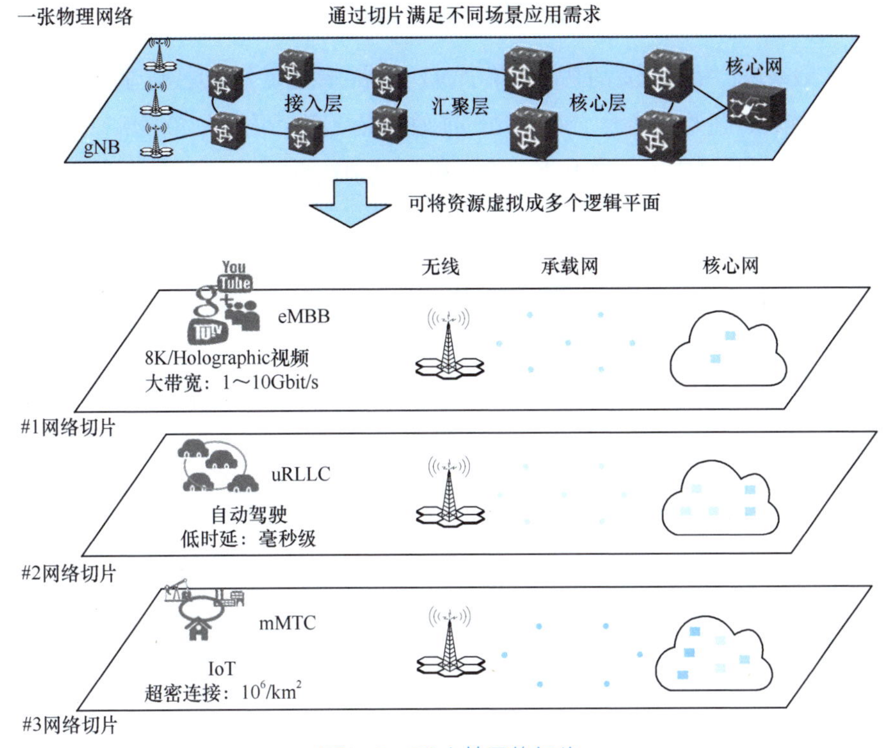

图1-3 5G支持网络切片

总而言之，前几代移动通信技术主要是满足人与人通信的基本需求，而 5G 更像是人们想要制定的一个万能标准，用来满足所有的通信场景。5G 多样化的场景也决定了很难有一项单一的技术能够满足所有需求，这导致了 5G 技术的复杂性更高，也对 5G 网络的能力提出了非常高的要求。

1.2.2 5G 关键能力

以 4G 为参照，ITU 为 5G 确定了八大关键能力指标（如图 1-4 所示），主要体现了速率更快、连接终端更多、时延更低以及更节能的能力。

	能效	移动性	流量密度	峰值速率	用户体验速率	频谱效率	连接数密度	时延
4G取值	1倍	350km/h	0.1Tbit/(s·km²)	1Gbit/s	10Mbit/s	1倍	10万/km²	空口10ms
5G取值	100倍	500km/h	10Tbit/(s·km²)	10/20Gbit/s	0.1～1Gbit/s	3～5倍	100万/km²	空口1ms

图1-4 5G与4G的关键能力对比

1 能效

能效指的是能量转换效率，这里的能效是指传输的数据量与消耗的能量（电量）之比，可以表示为如下公式。

$$能效=\frac{传输的数据量}{消耗的电量}$$

一般来说，相同配置的基站，单个 5G 基站的耗电量可能是 4G 基站的 2 ～ 3 倍，但不能只看能耗，还要看能效，5G 基站的能效明显更高，可提升 100 倍，即假设 4G 基站消耗 1kW•h 电量可传送 1GB 数据，那么 5G 基站消耗 1kW•h 电量可传送 100GB 数据。

2 移动性

移动性的本意指的是移动通信用户从一个区域移动到另一区域，其通信连接亦能随之移动，且通信活动不受影响。此处指的是用户移动时，在业务不受影响的情况下，网络能够支持的最大移动速率。4G 的移动性指标为 350km/h，接近复兴号高铁的运行时速，而 5G 的移动性指标可达到 500km/h。

3 峰值速率

峰值速率是指在理想条件下可达到的最大数据速率，可以理解为系统最大承载能力的体现。4G 要求上、下行链路峰值速率分别为 500Mbit/s、1Gbit/s，而 5G 针对 eMBB 场景，要求上行链路峰值速率为 10Gbit/s，下行链路峰值速率为 20Gbit/s，提升了 20 倍。

4 用户体验速率

与峰值速率概念相近，用户体验速率指一般场景下用户能够达到的平均速率。4G 为 10Mbit/s，5G 为 0.1 ～ 1Gbit/s，已经接近 4G 的峰值速率，最高提升了 100 倍。

5 频谱效率

频谱效率指数字通信系统的链路频谱效率，定义为净比特率（有用信息速率，不包括纠错码）或最大吞吐量除以通信信道或数据链路的带宽，单位为 bit/s•Hz^{-1}，公式如下。

$$频谱效率=\frac{净比特率(最大吞吐量)}{信道带宽}$$

即每秒时间内，在每赫兹的频谱上，能传多少比特的数据。例如，1kHz 带宽中每秒可以传送 1000bit 的数据，那么其频谱效率为 1bit/s•Hz^{-1}。相比 4G，5G 的频谱效率可以提升 3 倍，部分场景甚至可以提升 5 倍。

6 连接数密度

连接数密度指的是单位范围内网络能接入的最大用户数量。连接数密度与基站数目、基站配置、小区个数以及频段数目都有关系。但是总的来讲，4G 能达到 10 万 /km^2，而 5G 可以达到 100 万 /km^2，提升了 10 倍。

7 时延

ITU 列出的关键能力中的时延是空口时延，而非端到端时延。空口时延指的是基站与终端之间的传输时延。4G 标准要求时延小于 10ms，而 5G 标准则要求时延小于 1ms，更低的时延会带来更好的用户体验。

8 流量密度

流量密度指单位范围内所有终端的速率之和，公式如下。

流量密度=连接数密度×用户体验速率

假设 1km^2 内有 100 个用户，每个用户的终端速率为 10Mbit/s，则流量密度为 100×10=1000Mbit/s • km^{-2}。

总的来说，相比 4G，5G 的各个方面都有极大的提升。但是 5G 的意义不仅在于简单的能力提升，更在于一系列技术的深度融合，5G 将成为融合多业务、多技术，聚焦于业务应用和用户体验的新一代通信网络。

任务习题

1. eMBB、mMTC 和 uRLLC 的中文含义分别是（　　）。
   A. 增强型移动宽带，超可靠低时延通信，海量机器类通信
   B. 增强型移动宽带，海量机器类通信，超可靠低时延通信
   C. 超可靠低时延通信，海量机器类通信，增强型移动宽带
   D. 海量机器类通信，增强型移动宽带，超可靠低时延通信
2. 5G 的连接密度数可以达到（　　）。
   A. 1万/km^2　　B. 10 万/km^2
   C. 100 万/km^2　　D. 1000 万/km^2
3. 5G 标准要求的空口时延小于（　　）。
   A. 10ms　　B. 1ms
   C. 5ms　　D. 30ms
4. 5G 标准要求的峰值速率级别是（　　）。
   A. 10/20Gbit/s　　B. 1Gbit/s
   C. 100Mbit/s　　D. 100Gbit/s

任务 3 5G 网络架构及其系统组成

【任务前言】

5G 时代，对接入网、承载网和核心网的各项功能都进行了重构，架构也随之发生了变化。重构的最终目的是满足 5G 网络要求的灵活性及复杂性。那么 5G 的网络架构到底是如何被重构的？具体有哪些改变？带着这样的问题，我们进入本任务的学习。

【任务描述】

介绍 5G 接入网、核心网及承载网的架构演进及其系统组成。

【任务目标】

掌握 5G 接入网、核心网及承载网的架构演进及其系统组成。

知识储备

1.3.1 5G 网络架构

移动通信网络主要由无线接入网、承载网及核心网组成，从而完成对业务的接入、传输及控制。5G 通信网络也是如此，其网络结构可分为以下 3 个层面（如图 1-5 所示）。

（1）下一代无线接入网（NG-RAN，Next Generation-Radio Access Network）。NG-RAN 的功能是实现业务的接入，将 5G 用户终端（如手机）接入网络，只有基站这一种设备。接入网与 5G 终端之间的逻辑接口被称为 5G 新空口（NR，New Radio）。

（2）5G 核心网（5GC，5G Core）。5GC 主要实现业务的控制，包括网络的移动性、准入鉴权、流量计费等。设备主体一般为专用或通用服务器。

（3）移动承载网，由移动回传网发展而来。其主要作用是负责传输 RAN（无线接入网）与 CN（核心网）交互的数据。设备形态一般为具备移动业务承载特性的路由器。

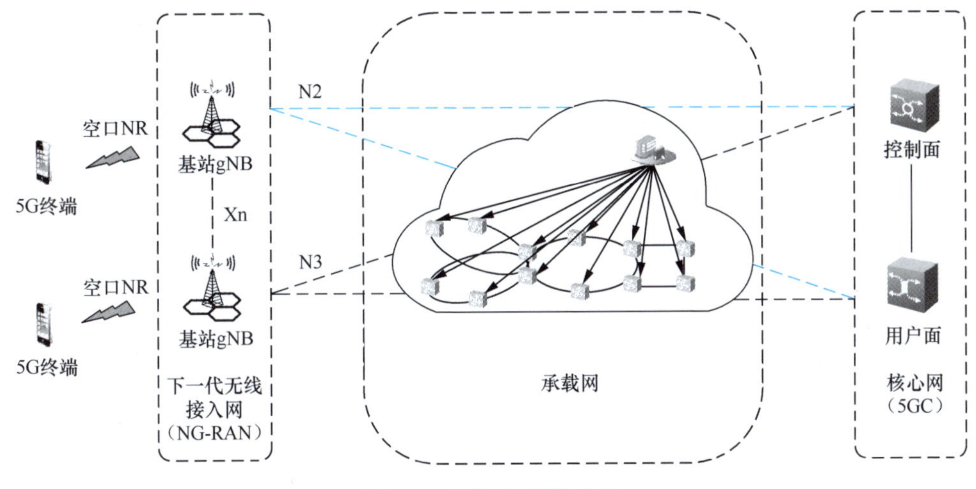

图1–5 5G网络架构分层

理解 5G 网络结构的 3 个层面之后，我们接着看如何部署 5G 网络。运营商为了尽可能保护 4G 时代的投资，并且尽快商用 5G，在部署 5G 网络时会优先考虑如何和现有 4G 网络共存，共同发挥作用。因此，5G 组网方式总体可以分为 SA 和 NSA 两种，每一种都对应几个选项（如图 1-6 所示）。SA 方式指的是新建一套完整的 5G 网络，包含 5G 核心网和 5G 基站；而 NSA 方式是指利用现有的 4G 网络，通过改造、升级或增加设备等方式，使用户体验 5G 的部分功能，从而不浪费现有的网络资源。

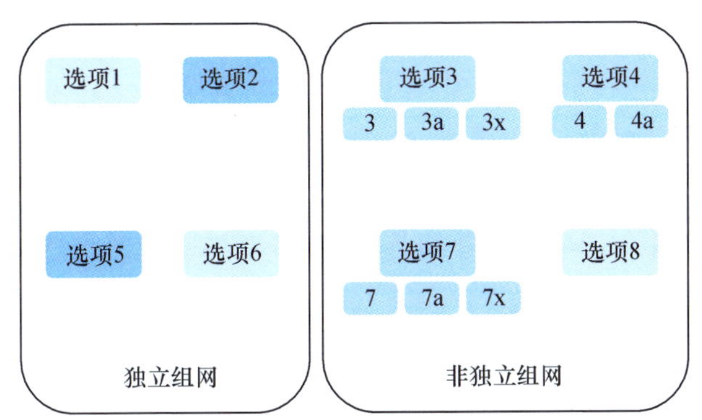

图1–6 5G组网方式选项分类

1 SA

选项 1、2、5、6 是独立组网选项（如图 1-7 所示）。选项 1 早已在 4G 结构中实现；选项 6 仅是理论存在的部署场景，不具有实际部署价值，标准中不予考虑。所以独立组网主要考虑的是选项 2 和选项 5。

图 1-7 中的虚线表示控制面连接，实线表示用户面连接。控制面是用来发送管理、调度资源所需信令的通道，也可以理解为信令面。用户面是发送用户具体数据的通道，这两个平面相互独立。举例来说，当使用手机点开视频 App 观看视频时，播放

的视频内容是通过用户面传送到手机的，而用户面的建立需要手机与核心网之间通过信令面来协商。

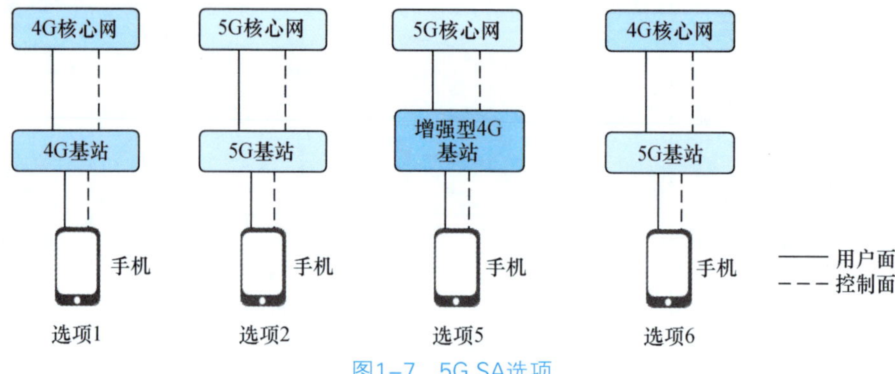

图1-7　5G SA选项

选项 2 采用的组网方式是建立全新的 5G 核心网与 5G 基站。这种组网方式拥有 5G 的所有功能和特点，演进路线最短，是 5G 网络架构的最终形态。但是这种组网方式不能利用现有 4G 网络，投资巨大而且建设周期长。

选项 5 采用全新的 5G 核心网和升级后的 4G 基站。因为要对现有 4G 基站进行大面积升级，所以这种方式投资较大，而且不能实现 5G 的全部功能，性价比很低，前景不乐观。

2 NSA

NSA 方式是对 4G 网络进行升级改造，使其增加 5G 功能。基于 NSA 架构的 5G 载波仅承载用户数据，其控制信令仍通过 4G 网络传输。NSA 采用的是双连接方式，即手机可以同时接入 4G 和 5G 基站，可以同时进行业务传输。如选项 3、选项 3a 和选项 3x（如图 1-8 所示），手机连接到 4G 基站的同时也能接入 5G 基站。4G 基站作为 5G 业务的信令面锚点，负责在 5G 基站和 4G 核心网之间转发 5G 信令。图中数据锚点的作用是对用户面进行数据分流，即手机既可以从 4G 基站获取数据，又可以从 5G 基站获取数据。

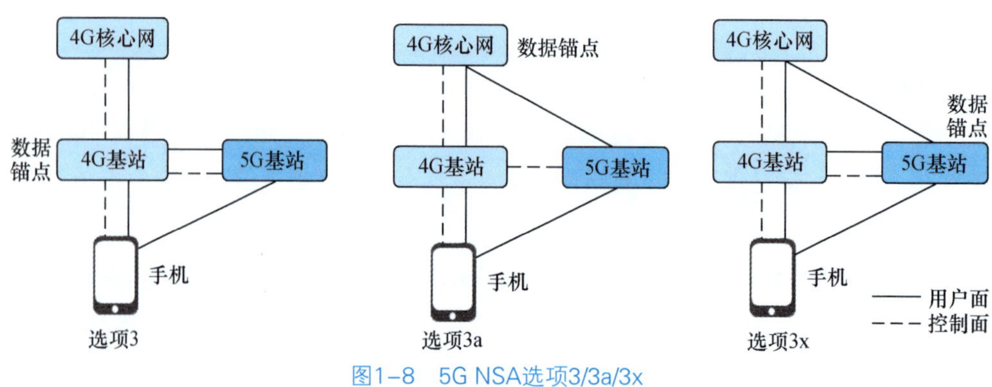

图1-8　5G NSA选项3/3a/3x

不难看出，选项 3、3a 和 3x 的组网方式的主要区别在于哪个节点作为数据锚点。

在选项 3 的情况下，4G 基站作为数据锚点，负责把核心网发送的数据分为两路，一路由自己发送给手机，将另一路分流给 5G 基站再发送给手机。这样一来，对 4G 基站的软硬件性能要求非常高，4G 基站的负荷非常大，所以选项 3 自推出以来少有人关注。

选项 3a 是在选项 3 的基础上将数据锚点从 4G 基站移到 4G 核心网。这样一来，4G 基站的性能瓶颈就没有了，但是这种组网方式需要对 4G 核心网进行新的升级。

选项 3x 在选项 3a 的基础上再进行调整，将数据锚点移到 5G 基站上。这样既避免了对 4G 基站和核心网造成巨大压力，又利用了 5G 基站性能高、速度快的优势，这种方式也得到了业界的广泛关注，成为非独立组网的首选项。

由于选项 3 系列利用原有的 4G 核心网，因此这种组网方式适合 5G 建设早期部署，并且该选项对 4G 网络改动小、投资小、部署快，可实现 5G 的快速商用，缺点是只能支持 eMBB 场景。

选项 7 系列比选项 3 系列更进一步（如图 1-9 所示），主要区别在于：选项 7 系列的核心网为 5G 核心网，并且 4G 基站升级为增强型 4G 基站。

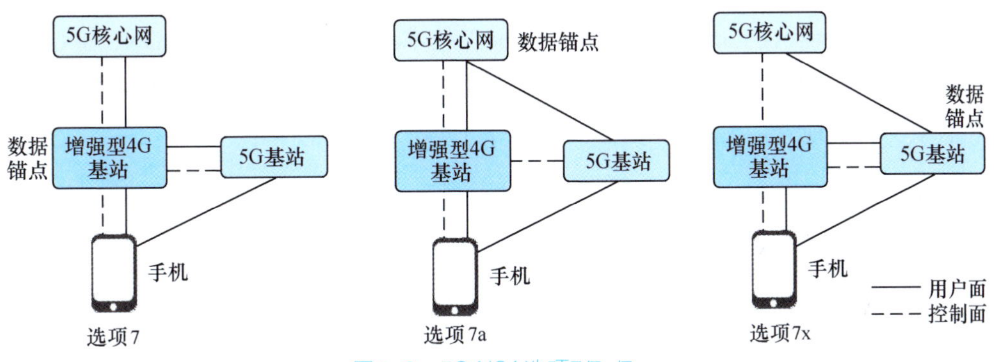

图1-9　5G NSA选项7/7a/7x

同选项 3 系列类似，选项 7 系列中各选项的主要区别也是数据锚点的位置不同。选项 3 系列只能支持 eMBB 场景，而选项 7 系列由于使用了 5G 核心网，也可以支持 uRLLC 和 mMTC 场景。尽管选项 7 系列可以支持新功能和新业务，但是由于 4G 基站要升级改造为增强型 4G 基站的工作量巨大，因此更适合初、中期部署。

选项 4 系列（如图 1-10 所示）与选项 3/7 系列完全不同。选项 3/7 系列控制面都是由 4G 或者增强型 4G 基站负责的，而在选项 4 系列中控制面完全由 5G 基站负责。选项 4 和选项 4a 的区别也仅是数据分流锚点不一样。

选项 4 系列适合 5G 中、后期部署，此时 5G 基本覆盖成型，而 4G 网络更多的是作为 5G 网络的补充覆盖。

选项 8 和选项 6 一样，不具有实际部署价值，所以标准中不予考虑。

虽然从全球范围看，目前大部分运营商均选择了选项 3x 作为初期部署方案，但随着 4G 用户的逐步迁移和 5G 网络的更大规模部署，后续 5G 将如何持续演进还取决于运营商的投资成本、业务和终端演进方案等。

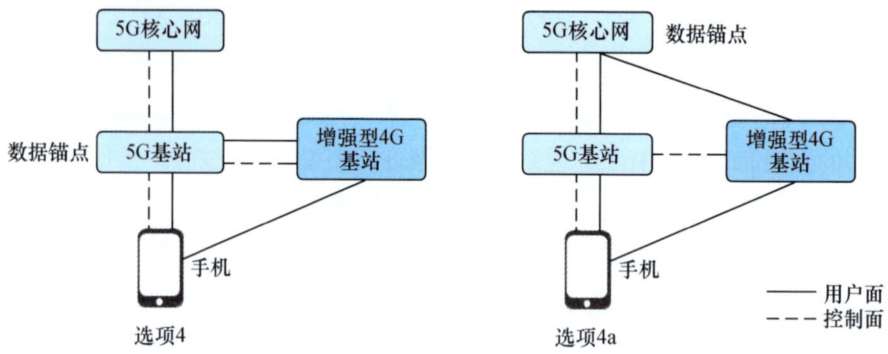

图1-10　5G NSA选项4/4a

通过前面的学习我们知道，5G 网络是一个服务于个人消费者、垂直行业以及运营商的统一平台。而为灵活适配客户差异化的业务场景和需求，5G 网络应具有非常高的灵活性、良好的隔离性、统一性和开放性。要同时满足这些需求，5G 网络架构必须实现云化，因此，基于云的 5G 网络架构应运而生。通过引入网络功能虚拟化（NFV，Network Functions Virtualization）技术及软件定义网络（SDN，Software Defined Networking）技术，重构 5G 网络架构，灵活适配 5G 网络的各种业务场景和需求，以实现"一张物理网络，承载千百行业"的目标。

1.3.2　5G 接入网架构及关键技术

在 4G 时代，4G 基站被称为演进型基站节点（eNodeB，evolved NodeB），eNodeB 一般可缩写为 eNB。eNB 可以分为射频拉远单元（RRU，Remote Radio Unit）、基带处理单元（BBU，Base Band Unit）和天线 3 个部分。BBU 和 RRU 之间通过光纤连接，RRU 和天线之间通过馈线连接（如图 1-11 所示）。RRU 负责将 BBU 传送过来的数字信号转化为射频的模拟信号发送到空口。一个 BBU 可以连接多个 RRU。

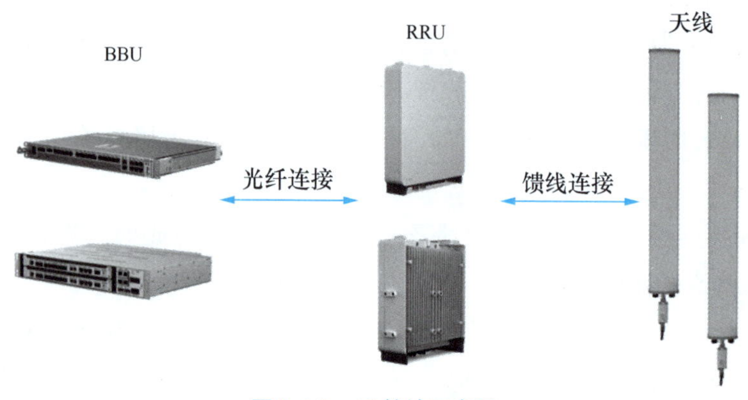

图1-11　4G基站示意图

到了 5G 时代，5G 基站被称为下一代 NB（gNB，Next Generation NodeB）。相对于 eNB 的 BBU 和 RRU 的两级结构，支持 5G 新空口的 gNB 可以进一步演进为包含集中单元（CU，Centralized Unit）、分布单元（DU，Distributed Unit）及有源天线单元（AAU，Active Antenna Unit）的三级结构。相比 4G，5G 将 4G 的 BBU 单元拆分为 CU 和 DU，CU 处理对时延不敏感的非实时基带数字信号，比如小区负载的控制，DU 处理对时延敏感的实时基带数字信号，比如无线资源的分配，而原来 BBU 的部分低层物理层功能、原 RRU 及天线单元合并为 AAU（如图 1-12 所示）。

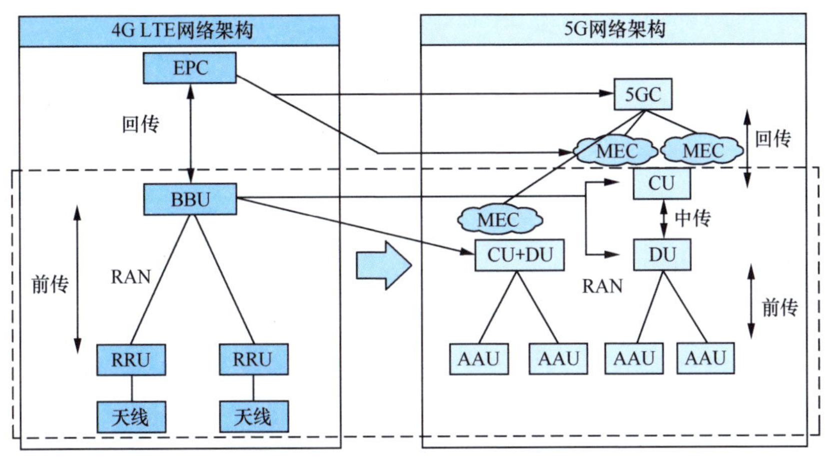

图1-12　4G到5G 网络架构演进

随着 5G 的快速发展，以及 NFV 技术的使能，无线网络进入全面云化时代。CU 为软件 / 硬件解耦，可部署在通用 x86 架构服务器上，并且基于虚拟化技术，可以灵活支持多种业务以及网络切片。DU 目前仍为专有硬件，适配各种覆盖和安装场景，包含宏基站、微站以及室内分布等多种产品形态。无线网络的云化，可实现业务按需且快速部署，智能切片，适应大带宽、低时延、超大连接等业务，同时实现了资源池化、资源利用率有效提升、网络弹性扩容。

因为 CU 和 DU 的分离，相比 4G 的前传和回传，5G 多了一个中传的概念。前传指的是 AAU 和 DU 之间的传输，回传指的是 CU 和 5GC 之间的传输，中传指的是 DU 和 CU 之间的传输。引入 CU 和 DU 之后，5G RAN 组网更灵活，利于多小区的集中控制和多种功能的实现。5G 基站将具备多种部署形态，可供运营商灵活选择。CU 和 DU 可以根据不同的业务需求和网络条件部署在不同的位置，或以集成为同一设备的形式部署。

值得一提的是，5G 无线接入网（RAN）在建设初期主要采用 gNB 宏站以及 CU 和 DU 合设模式，即 AAU 和 BBU 组成的两级架构。在 5G 中后期，将采用 CU 和 DU 分离模式，并实施 CU 云化部署。

1.3.3 5G 核心网架构及关键技术

5G 的核心网是基于 NFV/SDN 的灵活网络，可以实现差异化业务的资源编排，为普通消费者、应用提供商和垂直行业需求方提供网络切片、边缘计算等新型业务能力，能够满足多样化需求。5G 核心网架构如图 1-13 所示，传统网元被拆分为多个网络功能（NF，Network Function）模块，并且各 NF 之间相互解耦，能独立自治。

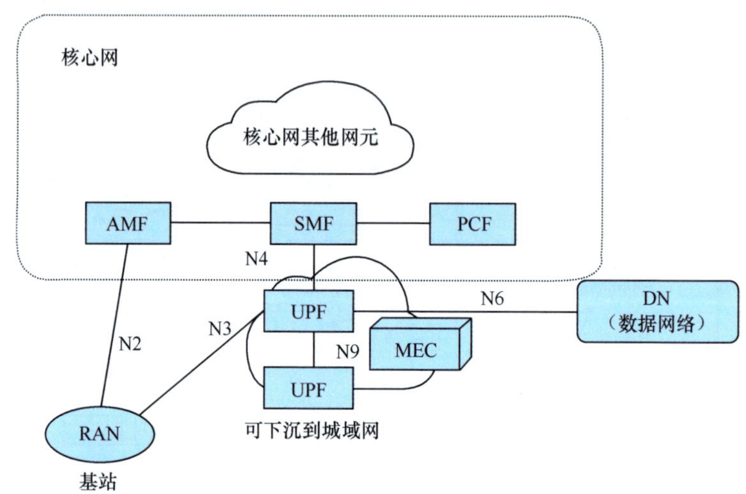

图1–13　5G核心网架构

图 1-13 中的 NF 如下。

（1）UPF（User Plane Function）：用户面功能，主要实现数据分组转发。

（2）AMF（Access and Mobility Management Function）：接入及移动性管理功能，主要实现 UE 位置管理及接入鉴权。

（3）SMF（Session Management Function）：会话管理功能，主要实现会话管理、UE 的 IP 地址分配以及管理、UPF 的选择和控制。

（4）PCF（Policy Control Function）：策略控制功能。

NF 之间的逻辑接口如下。

（1）N2：基站与 AMF 之间的信令接口。

（2）N3：基站与 UPF 之间的数据接口。

（3）N4：UPF 与 SMF 之间的信令接口，用于实现 SMF 和 UPF 间的会话管理、控制策略等功能。

（4）N6：UPF 到互联网或企业应用的数据接口。

（5）N9：UPF 到 UPF 的数据接口。

在 5G 部署初期，运营商城域移动承载网主要负责承载 N2、N3 流量，中期及成熟期还将承载N4、N6及N9流量。

为实现5G核心网的云化，5G核心网具备以下三大特性。

（1）特性一：CP和UP彻底分离

在5G时代之前的核心网设备，控制面（CP）和用户面（UP）没有做到完全分离。以4G核心网EPC为例，其主要由MME（移动性管理实体）、SGW（服务网关）和PGW（PDN网关）等设备构成，其中，MME为纯控制面设备，SGW和PGW不是纯用户面设备，比如PGW仍需具备给手机分配IP地址的控制面功能。而在5G时代，基于图1-14可知，UPF为纯用户面设备，AMF、SMF为纯控制面设备。那么，5G核心网设备为什么一定要实现控制面和用户面的彻底分离呢？其实分离意味着架构更加灵活，通过将用户面网关UPF分离出来，就可以实现UPF的下沉，将其部署在更加靠近用户的边缘节点，从而缩短传输距离，降低用户面时延。比如针对uRLLC中的车联网业务，此类业务的用户面网关UPF可下沉到地市边缘数据中心（DC，Data Center）机房进行安装部署，且部署具有强计算和存储能力的MEC（多接入边缘计算）解决方案设施，使车辆到服务器的距离缩短到10千米范围之内，将车联网的端到端时延降低到毫秒级，确保自动驾驶的安全性。

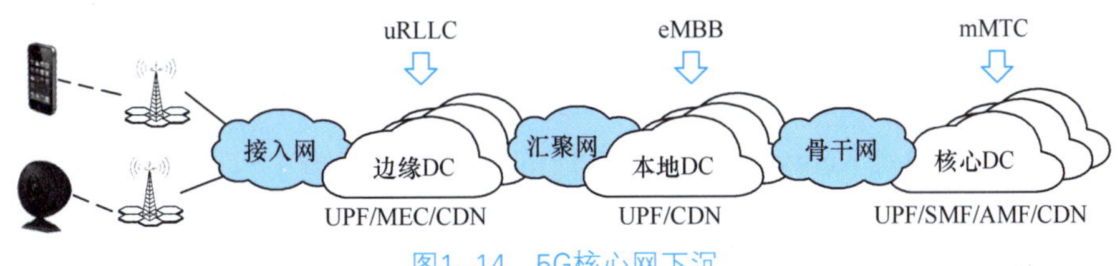

图1-14 5G核心网下沉

另外，由于三大场景对带宽和时延的要求不同，且综合考虑用户的体验感知及运营商投资、运维成本，UPF根据场景需要下沉至各层次的云化数据中心。比如工业物联网等mMTC业务部署在核心DC，AR/VR等eMBB业务部署在本地DC。

（2）特性二：NFV

NFV是实现核心网云化的关键技术之一，主要通过运用虚拟化技术解耦设备的软硬件，设备功能以软件形式部署在统一通用的基础设施上（如x86服务器），从而提高系统灵活性，实现多种网络功能，提升运维效率。

对于传统的核心网设备，各设备厂商采用专用架构硬件，资源无法共享，同时软硬件合一，扩容复杂，新业务上线周期长。而5G网络要求实现多场景业务的灵活部署、不同垂直行业用户对于端到端网络资源的差异化逻辑切分，这些都是传统核心网设备结构无法满足的。通过引入NFV技术，可满足5G网络的多种业务需求，降低网络运营商设备采购成本，提升资源利用率，实现新业务敏捷上线。

（3）特性三：基于服务的架构（SBA，Service-Based Architecture）

SBA，即网络功能模块化，通过模块化实现网络功能的解耦和集成，不同的业务可以按需选择不同的网络功能。这种模块化设计有什么好处呢？其最大好处是方便“功能裁剪”，比如对于实现物联网这类 mMTC 业务，因大部分物联网终端都是静止的，所以就可裁剪掉“移动性”这个功能模块，又由于大部分物联网业务对网络带宽和时延都没有特殊要求，即不需要 QoS 保障，因此“策略控制”和“QoS 执行”功能模块也可被裁剪。综上，基于 SBA 特性，可基于业务灵活性进行功能裁剪，快速实现网络部署。

总而言之，5G 核心网是软件驱动、基于服务化架构的网络。软硬件解耦以后，引入 NFV 与 SDN 技术，不仅实现了控制与转发分离，也实现了移动性管理与会话管理解耦，并且不再对接入方式感知，无论是 3GPP 标准还是非 3GPP 标准的网络都可以接入 5G 核心网，实现真正意义上的万物互联。

1.3.4 5G 承载网架构及关键技术

在 3G 和 4G 时代，最具有代表性的移动承载网技术标准是分组传送网（PTN，Packet Transport Network）和无线接入网的 IP 化（IP RAN，IP Radio Access Network）。随着 5G 的到来，终端速率大幅提升，移动承载网需要能够承受住巨大的带宽和技术上的压力，新一代的承载技术和设备形态应运而生，例如，中国移动的切片分组网（SPN，Slicing Packet Network）、中国电信的智能传送网络（STN，Smart Transport Network）、中国联通的智能城域网。

移动承载网无论采用何种技术，归根结底都是由光纤和承载设备组成的。

如图 1-15 所示，因为光纤的低成本（相对电缆来说）、高速率以及不易被干扰的高可靠和高稳定性，它现在已经成为通信网络不可或缺的重要组成部分。光纤的最大传输能力，目前也已经达到 P 比特级（1Pbit/s=1024Tbit/s）。

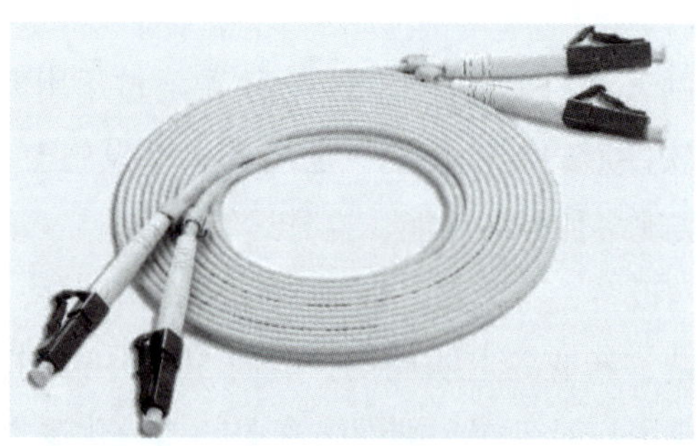

图1-15　光纤

如图 1-16 所示，承载设备主要负责提供多业务承载、高速的以太网接口，支持多种路由协议、信令协议和保护技术，从而保证数据传输的质量、效率和高可靠性。

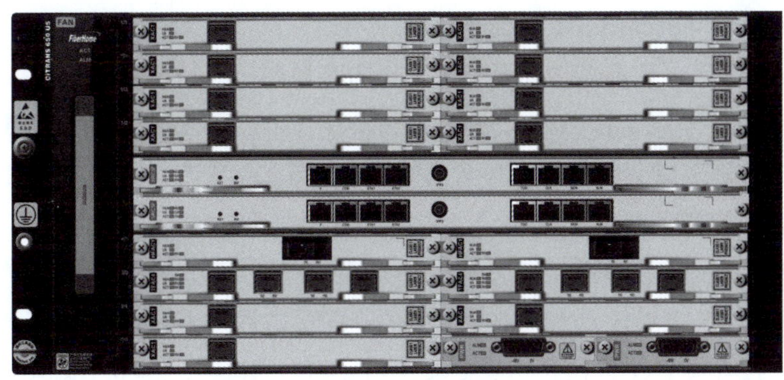
图1-16 承载设备

1 5G 承载网的总体架构

5G 承载网的总体架构如图 1-17 所示。承载网的结构主要分为三层：接入层、汇聚层和核心层。

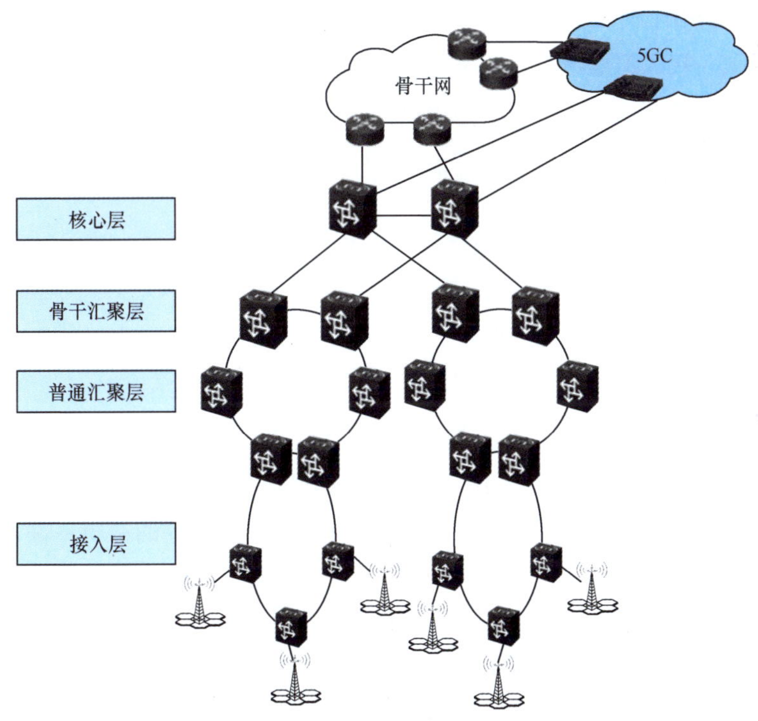

图1-17 5G承载网络总体架构

（1）接入层：由直接连接基站的承载网设备组成。接入层利用光纤、双绞线等介质与用户设备（基站）相连，接入层设备之间利用光纤组成环形拓扑，一般与基站的 BBU/DU 设备同机房部署。

（2）汇聚层：汇聚层是连接网络接入层和核心层的"桥梁"，用户数据接入核心层前，先进行汇聚，以减轻核心层设备的负荷。汇聚层分为骨干汇聚层和普通汇聚层，汇聚层节点一般部署在区、县公司的汇聚机房，每个区、县配置一对骨干汇聚节点，骨干汇聚节点以口字形拓扑上联核心节点。

（3）核心层：负责数据的高速转发，作为本地网（城域网）的出口设备与骨干网或 5GC 互联。所以在移动承载网中，核心层设备的交换容量、接口带宽及整机性能更高。核心层节点一般部署在运营商的市公司核心 / 中心机房，每地市至少部署一对核心落地节点。

接入层接入用户设备的接口，以及核心层的上联接口，一般被称为 UNI（User-Network Interface）。移动承载网节点之间的互联接口被称为 NNI（Network-Network Interface）。接入层节点的 UNI 一般要求为 FE、GE、10GE、25GE，其中接入 5G 基站的 UNI 主要使用 10GE 和 25GE。接入层的 NNI 带宽一般要求为 50GE 及以上。汇聚层及以上各层的 NNI 带宽一般为 100GE 及以上。核心层节点的上联 UNI 带宽根据连接对象加以区分，承载 5G 信令流量的 UNI 带宽一般为 10GE 及以上，承载 5G 业务流量的 UNI 带宽一般为 100GE 及以上。

为了保证路由协议的计算性能、网络运维效率，一般建议：每对骨干汇聚节点下挂的普通汇聚、接入汇聚节点总数不超过 2000，每对骨干汇聚节点可下挂多个普通汇聚环（每个普通汇聚环可下挂多个接入汇聚环）；每对骨干汇聚节点下挂的汇聚环上的节点数一般为 4 ～ 6（不包含骨干汇聚节点），接入环上的节点数一般为 4 ～ 6（不包含普通汇聚节点）。

2 承载网的关键技术

5G 承载网包含 3 个平面：转发面、控制面和管理面。

转发面主要实现 5G 业务在承载网内的转发。

控制面是指 SDN 控制器（见下文）与设备、设备与设备之间交互信息的一个逻辑平面，支持信令和路由等功能，为建立转发面而服务。

管理面是提供设备上网管理（图形化的网络管理系统）的逻辑平面，并可实现网元级和网络级的配置管理、故障管理、性能管理和安全管理等功能。在 5G 承载网内，转发面、控制面和管理面共享 NNI 及链路。

从宏观上来说，5G 承载网的本质就是在 4G 承载网现有技术框架的基础上，在转发面和控制面引入多种关键技术，提供大带宽、低时延的传输管道，并支持灵活调度，实现高精度时间同步，如图 1-18 所示。

其中，最能代表 5G 承载网特点的关键技术有哪些呢？

（1）FlexE 切片技术

灵活以太网（FlexE,Flex Ethernet）是在 5G 承载网的转发面引入的新技术之一。

FlexE 本质是将多个物理端口进行“捆绑”，形成一个虚拟的逻辑通道，以支持更高的业务速率。例如，4 路 100GE PHY（物理接口）提供一个逻辑通道，实现

400Gbit/s 业务速率。

FlexE 还可以实现多路低速率 MAC（可以理解为业务）数据流共享一路或者多路物理接口。例如，在 100G PHY 上承载 10Gbit/s、40Gbit/s、50Gbit/s 的三路 MAC 数据流，或者两路 100Gbit/s PHY 复用承载 125Gbit/s 的 MAC 数据流。

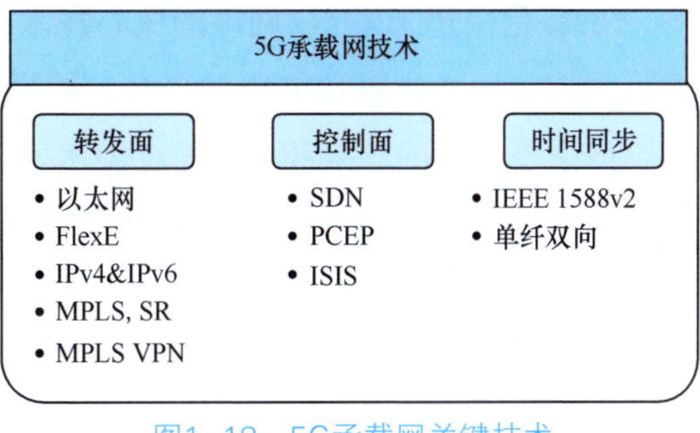

图1-18 5G承载网关键技术

FlexE 为 5G 承载网提供带宽切片。切片的思想是将物理资源划分为多个逻辑资源。5G 接入网和核心网中率先提出切片的概念和相关技术应用。怎么理解 5G 承载网的带宽切片呢？例如，在一个 100GE 的链路上，5G 的基站业务占用 70% 的带宽切片，政企专线业务占用 10% 的带宽切片。

一路或多路同速率的 FlexE PHY 绑定形成的组即 FlexE 组（FlexE Group）。FlexE Group 的总带宽等于绑定的 FlexE PHY 的接口带宽之和。客户业务（MAC）对应的虚拟逻辑接口称为 FlexE 客户（FlexE Client）或 FlexE 隧道（FlexE Tunnel），是虚拟的 NNI，也是具体的切片，其带宽灵活可配。

（2）SDN

软件定义网络（SDN，Software Defined Network）是 5G 承载网的控制面引入的新技术之一。

SDN 是一种新型网络架构。SDN 通过将网络设备控制面与数据面分离，从而实现了网络流量的灵活控制。

SDN 引入了新的组件，称为控制器，以集中的方式管理多个设备，即把网络的控制和流量转发进行拆分，由 SDN 控制器专门进行控制，网络节点只需要进行转发，是一种加强型的集中管理模式，如图 1-19 所示。

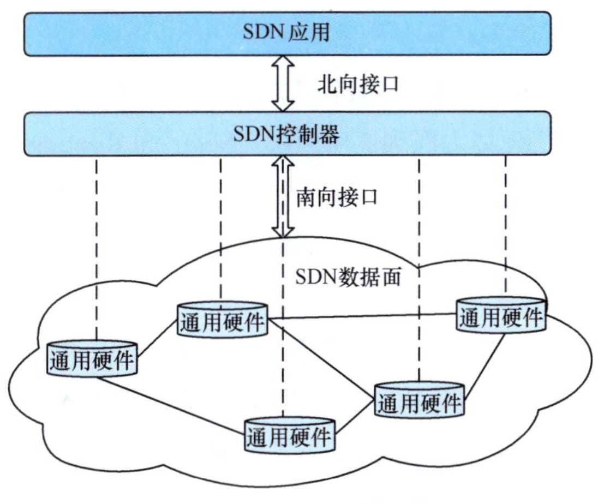

图1-19 SDN网络架构

SDN 是构建未来 5G 网络的核心技术，通过转发与控制分离对网络架构和功能进行重构，网络逻辑功能更加聚合，逻辑功能平面更加清晰。网络功能按需编排，可以根据差异化的场景和业务特征要求，灵活组合功能模块，按需定制网络资源和业务逻辑，增强网络弹性和自适应性。SDN 技术简化了业务部署、工程运维和网络规划，可以支撑未来各种业务需求，同时保留了网络的弹性和智能化特征，是面向应用的可编程网络架构。

在承载网中，网络管理系统和控制器集成在一个硬件平台上，合称为管控平台。

（3）SR 隧道技术

分段路由（SR，Segment Routing）属于 5G 承载网转发面引入的新技术之一。

SR 是一种源路由机制。目前承载网二 / 三层转发基本采用多协议标签交换（MPLS，Multi-Protocol Label Switching）技术。采用 MPLS 技术创建转发路径时，须对转发路径上的所有节点下发配置，且每个节点都需要维护网络拓扑和链路状态信息。因此，现有的 MPLS 技术存在协议复杂、可扩展性差、部署效率低、管理困难等问题，无法满足新一代网络在灵活调度、可扩展等方面的要求。

SR 技术正是在此背景下产生的，它是对 MPLS 技术的高效简化，可兼容 MPLS 的转发面（数据面），当基于 SR 技术创建转发路径时，仅需要在源节点压入标签转发路径，中间节点根据标签进行转发。

SR 技术将网络拓扑中的节点或链路划分为不同段（Segment），并用 Segment ID（段 ID，简称为 SID）进行编码。将一段或多段 SID 进行组合形成 Segment List（标签列表），即定义了业务流经过的网络路径。业务流在源节点从 SDN 控制器获取 Segment List，将 Segment List 压入业务报文中，源节点及中间节点根据 Segment List 的指示转发路径。

SDN 集中式控制思想和 SR 源路由技术可谓是天作之合。由 SDN 控制器根据业务需求、网络资源现状，计算或调整业务的转发路径，将含路径信息的 SR 标签列表下发给源节点。

此外，SR 还可以通过扩展的内部网关协议（IGP，Interior Gateway Protocol）发布或扩散 SID，建立 SR 尽力而为（SR-BE，Segment Routing Best Effort）路径。

（4）IS-IS 路由协议

中间系统到中间系统（IS-IS，Intermediate System to Intermediate System）是 5G 承载网控制平面引入的技术之一。

IS-IS 是一种动态路由协议，在动态路由协议的分类中隶属于 IGP。

5G 承载网采用 IS-IS 协议打通 SDN 控制器与每个承载网网元之间的 IP 连通性。扩展后的 IS-IS 协议能支持 SR 功能，发布或扩散 SID，建立 SR-BE 路径。

（5）超高精度时间同步

时间同步是独立于控制、转发、管理三大平面的一项技术。

在一般情况下，5G 系统基站间同步需求仍为 3μs，与 4G TDD（时分双工）相同，即同一基站的不同 RRU/AAU 之间的同步需求主要为 3μs，部分应用场景（如站间的载波聚合）可能需要百纳秒量级。另外，基站定位等新业务可能会有更高的时间同步需求。

为了满足 5G 高精度同步需求，须专门设计同步组网架构，并加大同步关键技术研究。在同步组网架构方面，可考虑将同步源头设备下沉，减少时钟跳数，进行扁平化组网；在 5G 承载网同步关键技术方面，须采用 IEEE 1588v2、单纤双向等技术，将时间同步信号从时间源传递到基站，并尽可能地降低承载网设备及链路引入的时延偏差。

任务习题

1. 请列举 NSA（非独立组网）选项。
2. 下列哪一项不是 5G 的核心网功能单元（　　）。

   A. MME　　B. UPF

   C. PCF　　D. AMF

项目解析

项目 2 5G 承载网设备安装

项目简介

5G 承载网设备的安装是 5G 承载网建设的第一步。

本项目首先介绍 5G 承载网设备的结构及硬件知识，然后详细描述 5G 承载网设备的安装步骤，最后讲解 5G 承载网设备硬件测试的方法，并输出测试记录。

项目目标

- 能够完成 5G 承载网设备子框安装。
- 能够完成 5G 承载网设备线缆安装。
- 能够完成 5G 承载网设备的上电及检查。

项目导图

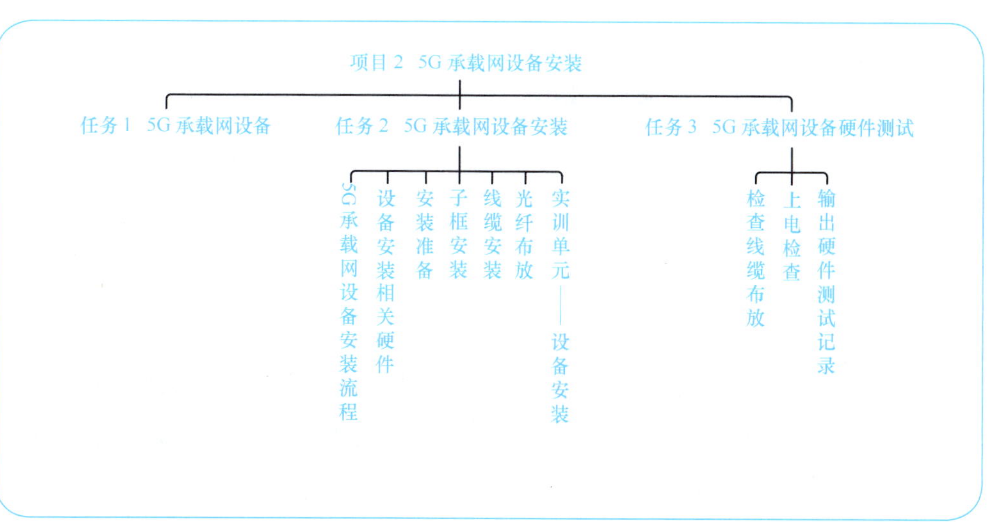

任务 1 5G 承载网设备

【任务前言】

为了更高效地安装设备，须从总体上认识设备的功能特性及硬件架构。作为 5G 时代的承载网设备，其新增的功能包含哪些，整体硬件架构的变化又体现在哪些方面呢？带着这样的问题，我们进入本任务的学习。

【任务描述】

本任务主要介绍承载网设备的产品特性、应用场景及硬件组成，使学员具备完成 5G 承载网设备安装和应用所需要的理论知识。

【任务目标】

- 掌握 5G 承载网设备的主要产品特性。
- 掌握 5G 承载网设备的主要应用场景。
- 掌握 5G 承载网设备的主要硬件组成。

知识储备

5G 承载网设备的主要硬件组成

本节将介绍 5G 承载网设备的子框结构、槽位分布、技术指标、机盘概述等内容。

1 子框结构

5G 承载网设备子框外形结构如图 2-1 所示，从左往右依次为：上架弯角、风扇单元、机盘区、分纤单元。上架弯角用于将子框固定在机柜中。风扇单元位于子框左侧，用于设备散热。机盘区用于插放业务机盘、主控交叉盘、电源盘，实现设备的各种功能。分纤单元用于布置线缆。

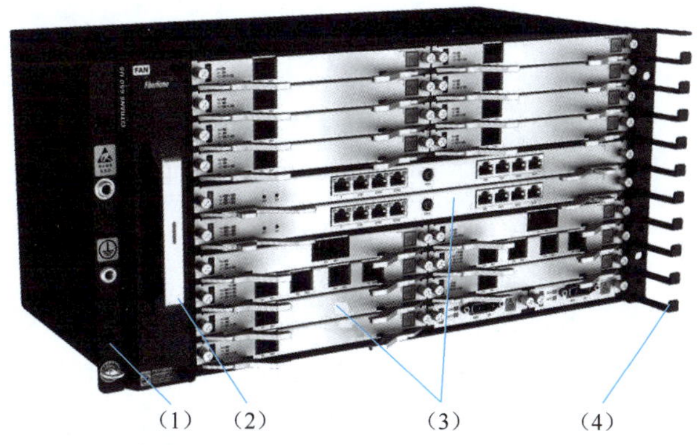

（1）上架弯角（2）风扇单元（3）机盘区（4）分纤单元

图2–1　子框外形示意图

② 槽位分布

子框槽位分布如图 2-2 所示，设备直流子框共提供 15 个横插业务盘槽位、2 个横插交叉主控槽位，以及 2 个横插电源盘槽位。主控交叉盘支持 1:1 保护，电源盘支持 1+1 保护。

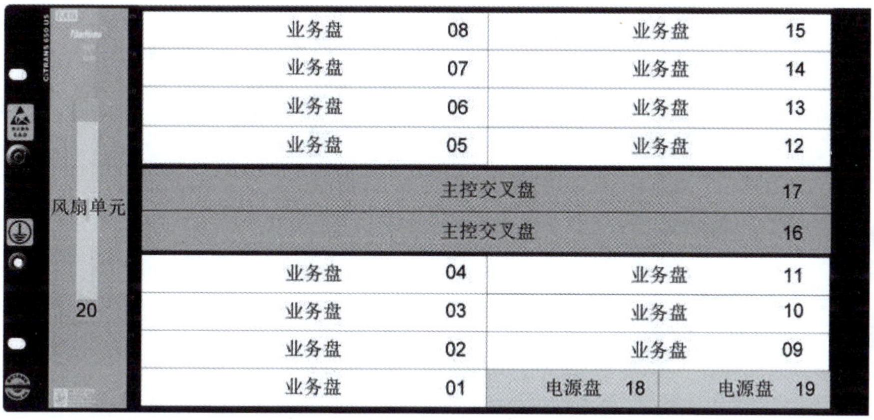

风扇单元 20	业务盘 08	业务盘 15
	业务盘 07	业务盘 14
	业务盘 06	业务盘 13
	业务盘 05	业务盘 12
	主控交叉盘 17	
	主控交叉盘 16	
	业务盘 04	业务盘 11
	业务盘 03	业务盘 10
	业务盘 02	业务盘 09
	业务盘 01	电源盘 18　电源盘 19

图2–2　子框槽位分布

③ 技术指标

子框主要技术指标如表 2-1 所示。

表 2–1　子框主要技术指标

项目	描述
工作电压	–38.4 ～ –57.6V
运行环境	0 ～ 70℃
业务槽位数	15
功耗	典型配置 305W，满额配置 541W

续表

项目	描述
高 × 宽 × 深	221.5mm × 443mm × 225mm
重量	10kg

4 机盘概述

（1）主控交换盘——SRC5F，如图 2-3 所示，其主要功能是实现设备的控制管理，对各类业务进行交叉处理和保护倒换、传递和处理时钟及时间信号等。

图2-3　SRC5F面板图

SRC5F 机盘面板接口说明如表 2-2 所示。

表 2-2　SRC5F 机盘面板接口说明

分类	接口	用途	接口类型
告警接口	ALM	告警输出接口，通常与 PDP（电源分配框）上的告警接口对接	RJ-45
管理接口	F	网络管理系统接口，通常与网络管理服务器连接	RJ-45
	COM	调试通信接口，用于网元内各子框间的通信扩展，通常与其他子框对应机盘上的 COM 口对接	RJ-45
	ETH1/ETH2	以太网接口，可配置为 F/COM/SIG 功能接口	RJ-45
时钟接口	CLK	外部时钟输入输出接口，标准时钟同步接口，可输入输出外部时钟同步信号	RJ-45
时间接口	1PPS（Pulse Per Second）	高精度时间同步调试接口，用于 1PPS 测试时的信号输出	SMA
	ToD	1PPS+ToD 外部时间输入输出接口	RJ-45
辅助接口	MON	外部事件（如温度、告警等）监视接口，通常与用户待监视设备对接	RJ-45

机盘面板按键说明如表 2-3 所示。

表 2-3　SRC5F 机盘面板按键说明

按键 1	功能	说明
SW	主备用切换	用于手动控制机盘的激活、不激活状态
RST	复位按钮	用于手动控制机盘的复位和重启。设备正常工作时，不要随意操作此按键
注 1：SW 和 RST 为隐藏式弹簧按键，需要借助笔头、针等细长工具进行操作，按键被按下后会自动弹起		

SRC5F 机盘面板指示灯说明如表 2-4 所示。

表 2-4 SRC5F 机盘面板指示灯说明

指示灯	含义	说明
ACT	工作指示灯	灯快闪（绿色）：表示机盘工作正常； 灯慢闪（绿色）：表示机盘在启动中； 灯不亮：表示机盘工作不正常，通常表明该盘故障；
ACT	工作指示灯	灯常亮：机盘初始化过程，这个过程的时间为 5 分钟左右，若长期处于常亮状态，表示机盘工作异常
UA	急告指示灯	灯不亮：表示本盘无急告或急告被屏蔽； 灯亮（红色）：表示该盘出现急告（紧急告警和主要告警）
NUA	非急告指示灯	灯不亮：表示本盘无次要告警或次要告警被屏蔽； 灯亮（黄色）：表示该盘出现非急告（次要告警）
STA	主用工作状态指示灯	灯快闪（绿色）：表示当前机盘模式为主用，闪烁频率为 100ms/ 次； 灯慢闪（绿色）：表示当前机盘模式为备用，闪烁频率为 400ms/ 次； 灯常亮（绿色）：表示机盘启动过程中异常； 灯常灭：机盘工作异常
MCC	光线路管理面数据指示灯	灯闪烁（绿色）：表示 MCC 正在通信（网络管理系统通道）
CLK	时钟指示灯	灯快闪（绿色）：表示工作于自由振荡状态； 灯慢闪（绿色）：表示工作于保持状态； 灯常亮（绿色）：表示工作于锁定状态
F/ETH1/ETH2/COM	RJ-45 接口指示灯	绿灯常亮：表示端口链路正常； 黄灯闪烁：表示端口有收、发数据

（2）以太网业务盘以 GE 光口盘 MAC8 为例进行说明。GE 光口处理盘 MAC8 面板外观如图 2-4 所示，该盘最多可处理 8 路 GE 光口信号，对其中的业务进行封装或解封装，与主控交叉盘配合，完成业务的调度和转发。

图2-4 MAC8面板外观

机盘面板指示灯说明如表 2-5 所示。

表 2-5 MAC8 机盘面板指示灯说明

指示灯	含义	说明
ACT	工作指示灯	指示灯说明可参考主控交叉盘相关内容
UA	急告指示灯	
NUA	非急告指示灯	
RX1 ～ RX8	端口收光指示灯	灯常亮(绿色)：表示对应端口有收光，且接收光功率在正常范围内； 灯常灭：表示对应端口无收光，或接收光功率不在正常范围内

（3）FlexE 业务盘以 50G FlexE 光口盘 LFAC2 为例进行说明。50G FlexE 光口

处理盘 LFAC2 面板外观如图 2-5 所示，该盘最多可处理 2 路 50G FlexE 光口信号，对其中的业务进行封装或解封装，与主控交叉盘配合，完成业务的调度和转发。

指示灯说明可参考主控交叉盘和 GE 光口处理盘相关内容。

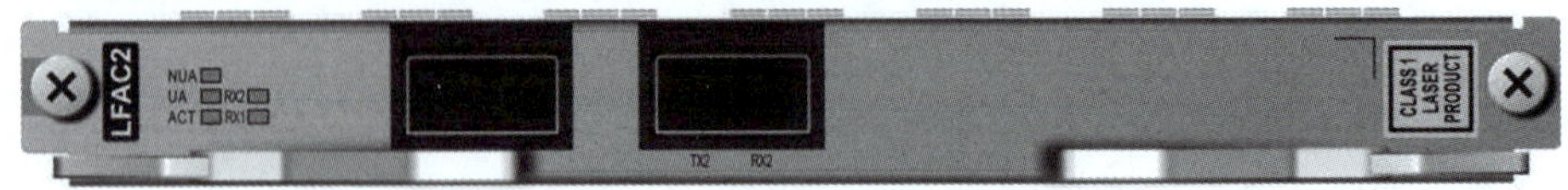

图2-5　LFAC2面板外观

（4）风扇单元（FAN）。风扇单元为设备提供散热，可通过网络管理系统控制风扇的运行状态，保证设备在稳定的环境温度下正常、高效地运行。风扇单元的面板如图 2-6 所示。

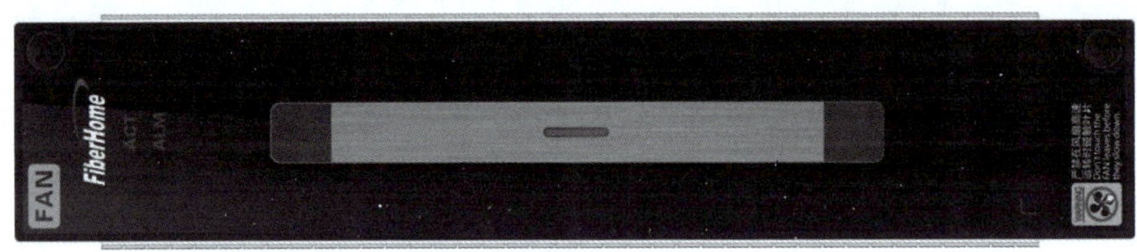

图2-6　风扇单元的面板

风扇单元的面板指示灯说明如表 2-6 所示。

表 2-6　风扇单元的面板指示灯说明

指示灯	含义	说明
ACT	工作指示灯	灯不亮：表示机盘工作不正常，通常表明该盘故障； 灯常亮（绿色）：表示风扇处于运行状态
ALM	告警指示灯	灯常亮（红色）：表示风扇单元有告警，比如温度过高； 灯不亮：表示风扇单元无告警

（5）电源盘（PWR）。电源盘实现 –48V 直流电源的输入，为各机盘提供所需电压，并提供欠压保护功能。PWR 盘的面板如图 2-7 所示。

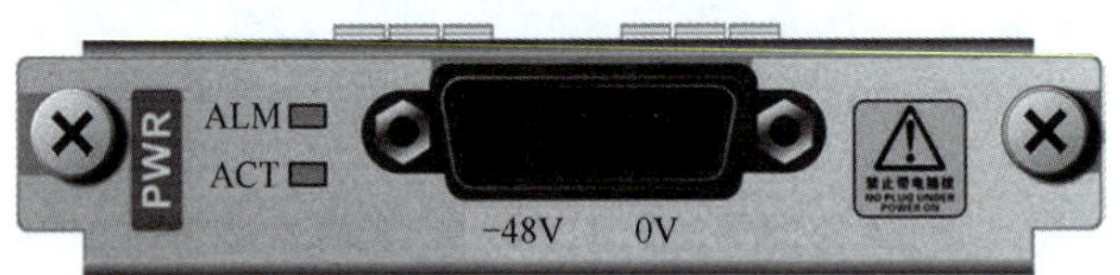

图2-7　PWR盘的面板

电源盘的面板指示灯说明如表 2-7 所示。

表 2-7　电源盘的面板指示灯说明

指示灯	含义	说明
ACT	工作指示灯	灯不亮：表示机盘工作不正常，通常表明该盘故障； 灯常亮（绿色）：表示电源盘处于正常工作状态
ALM	告警指示灯	灯常亮（红色）：表示电源盘有告警，比如电压过低； 灯不亮：表示电源盘无告警

任务习题

1. 简单描述 CiTRANS 650 U5 支持的硬件保护类型。
2. CiTRANS 650 U5 的主要机盘有哪些?

任务 2 5G 承载网设备安装

【任务前言】

前面我们了解了 5G 承载网设备的硬件结构，接下来我们正式进入设备安装环节。承载网设备安装的整个流程是什么？设备安装又可以分为哪些步骤？安装过程中有哪些注意事项？带着这样的问题，我们进入本任务的学习。

【任务描述】

本任务主要介绍承载网设备的硬件安装，主要包括子框安装、线缆安装、光纤布放等内容，使学员完成 5G 承载网设备安装的知识储备。

【任务目标】

- 能够完成 5G 承载网设备子框的安装。
- 能够完成 5G 承载网设备线缆的安装。
- 能够完成 5G 承载网设备光纤的布放。

知识储备

2.2.1 5G 承载网设备安装流程

5G 承载网设备安装流程如图 2-8 所示。

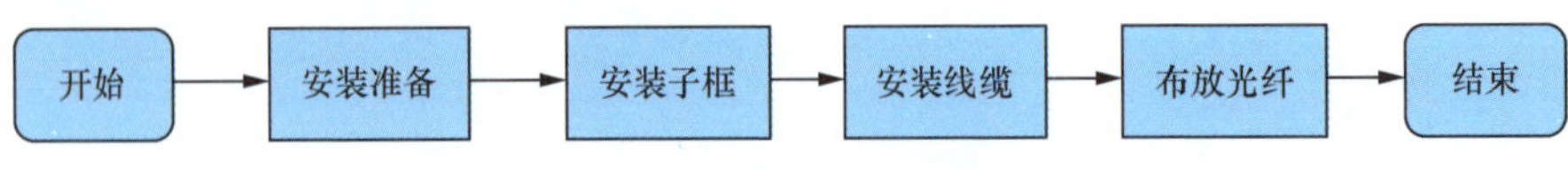

图2-8 5G承载网设备安装流程

2.2.2 设备安装相关硬件

设备安装涉及的其他主要硬件包括机柜、线缆、光模块和光纤。

① 机柜说明

5G 承载网设备一般安装在 19 英寸（1 英寸≈ 2.54 厘米）机柜或 21 英寸机柜中，机柜规格见表 2-8 和图 2-9。机柜高度一般为 2200mm。

表 2-8　标准机柜尺寸

机柜类别	机柜尺寸（高 × 宽 × 深）（mm）	机柜重量（kg）
19 英寸机柜	1600 × 600 × 600	94
	2000 × 600 × 600	109
	2200 × 600 × 600	117
	2600 × 600 × 600	134
21 英寸前 / 后立柱机柜	1600 × 600 × 300	51
	2000 × 600 × 300	61
	2200 × 600 × 300	71
	2600 × 600 × 300	76

图2-9　19英寸机柜（左）、21英寸机柜（右）

19 英寸或 21 英寸代表的是机柜安装立柱的间距，例如，19 英寸机柜的立柱间距为 482.6mm，其匹配的安装孔距为 465mm。21 英寸机柜的立柱间距为 533.4mm，其匹配的安装孔距为 514mm。机柜安装宽度 B 与安装孔距 B_1 详见图 2-10。

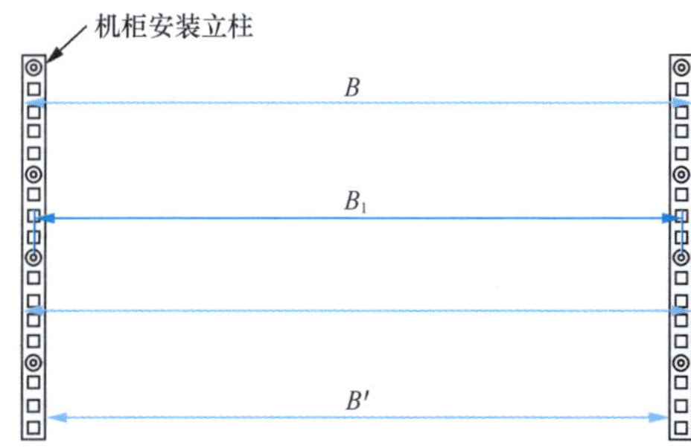

	B	B_1	B'_{min}
19 英寸	482.6	465	450
21 英寸	533.4	514	497
23 英寸	584.2	567	551.6
24 英寸	609.6	592	577
30 英寸	762	744.4	729.4
1 英寸≈25.4mm			

图2-10　机柜安装宽度B与安装孔距B_1

机柜装配子框时，需要遵循以下原则。

（1）不得占用预留的设备散热空间。

（2）安装在 19 英寸机柜：在设备上方和下方均至少预留 4U（1U=44.45mm）高度的空间。

（3）安装在 21 英寸机柜：在设备上方和下方均至少预留 200mm 高度的空间。

（4）环境温度须满足短期运行小于 55℃，长期运行不超过 50℃的条件。

2 线缆说明

安装过程中涉及的线缆如下。

（1）子框保护地线：提供设备与近处金属物体间的低阻抗连接，以减少人身电击危险，如图 2-11（a）所示。

（2）PDP 电源线：包括蓝线（–48V）、黑线（0V），用于从列头柜（在机房中为单列所有设备提供电力的机柜，通常位于每一列的头部位置）接入 –48V 直流电，如图 2-11（b）所示。

（3）子框电源线：内含蓝黑线，用于从 PDP 连接设备的 –48V 直流电，如图 2-11（c）所示。

（4）时钟线：一端为 RJ45 接口，另一端为同轴电缆接口，用于为设备接入频率同步信号，如图 2-11（d）所示。

（5）时间线：两端均为 RJ45 接口，用于为设备接入时间同步信号，如图 2-11（e）所示。

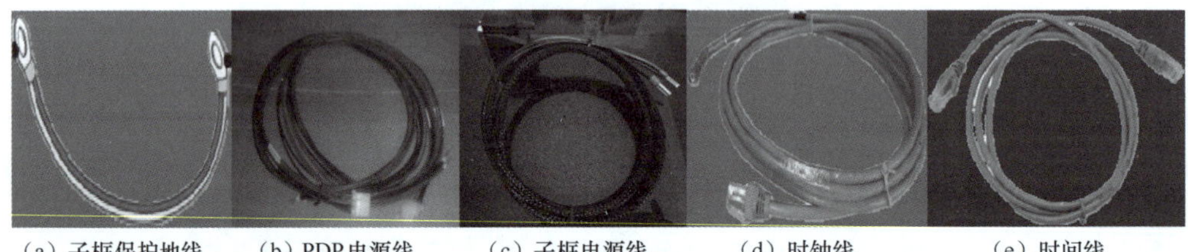

（a）子框保护地线　（b）PDP 电源线　（c）子框电源线　（d）时钟线　（e）时间线

图2–11　设备安装中的各类线缆

3 光模块说明

光模块由光电子器件、功能电路和光接口等组成，光电子器件包括发射和接收两部分。

光模块的作用是进行光电转换，发送端把电信号转换成光信号，通过光纤传送后，接收端再把光信号转换成电信号。

光模块按速率分类可分为百兆光模块、千兆光模块、10G 光模块、50G 光模块、100G 光模块等。图 2-12 为 10G 光模块和 50G 光模块。

图2-12　10G光模块（左）和50G光模块（右）

❹ 光纤跳线说明

如图 2-13 所示，光纤跳线接口分为三类：LC/PC 接口，用于设备之间光接口直连的场景；FC/PC 接口和 SC/PC 接口，用于连接设备和光纤配线架（ODF，Optical Distribution Frame）光接口，根据 ODF 架的光接口类型按需使用。

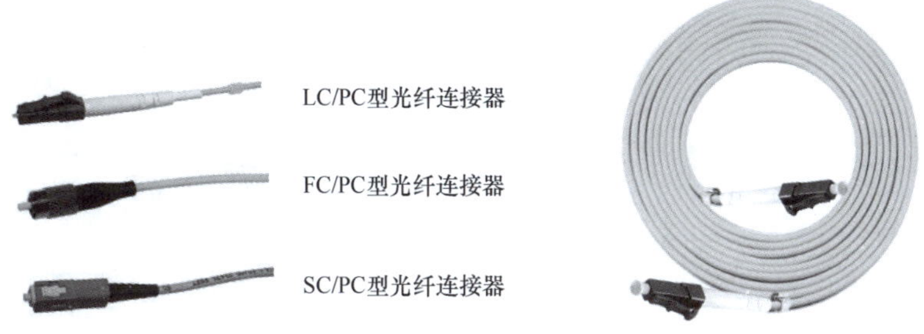

图2-13　光纤跳线接口分类（左）和LC/PC-LC/PC光纤跳线（右）

光纤跳线的选取由本、对端设备光接口的类型决定。5G 承载设备侧的光接口均为 LC/PC 型，使用 LC/PC-LC/PC 光纤跳线，如图 2-13（右）所示。

【任务实施】

2.2.3 安装准备

安装准备工作包括工具准备、了解安全注意事项和操作规范。

❶ 工具准备

安装过程中，可能会用到的工具如图 2-14 所示。

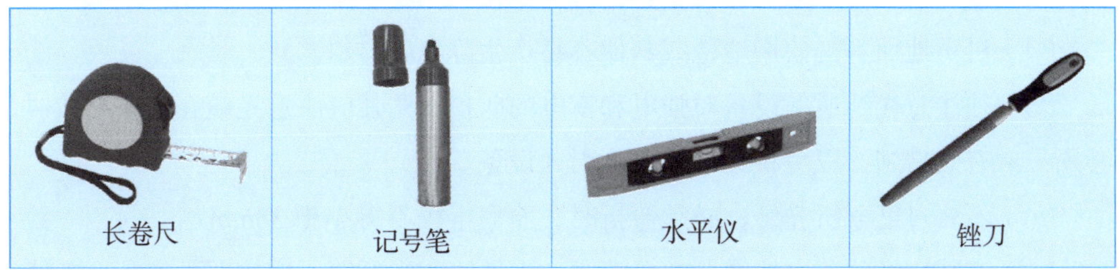

图2-14　安装工具

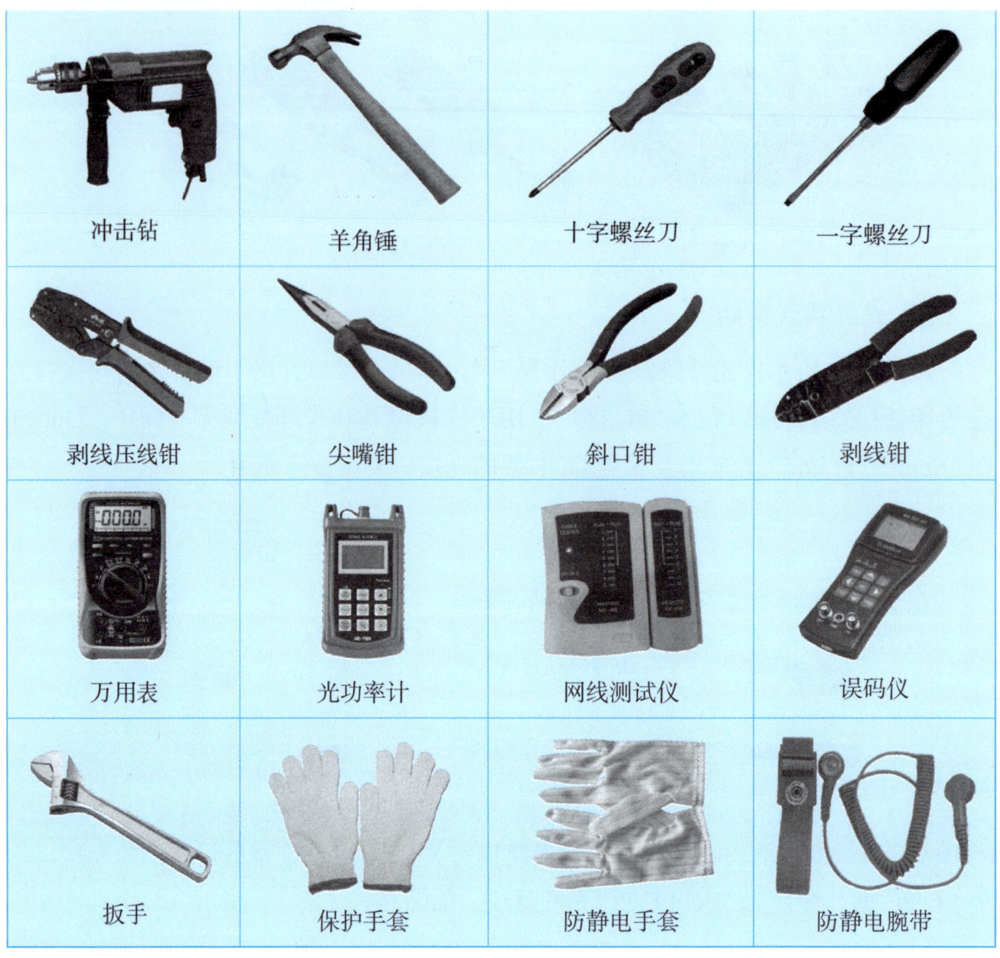

图2-14　安装工具（续）

2 安全及注意事项

（1）强功率激光对人体特别是对眼睛有危害，不得裸视光发送器的尾纤端面或其上的活动连接器的端面。

（2）不得用手触摸机盘上的元器件、布线及插座中的金属导体。触摸机盘必须采取静电防护措施。

（3）搬运机柜时须佩戴保护手套，避免划伤机柜和双手。

（4）机房地面不得使用地毯或其他容易产生静电的材料。

（5）须注意光纤通信设备对强电和雷电的防护，尤其应注意光缆在设备终接时，必须采取有效措施，以免将强电或雷电引入设备。

（6）不要过度弯折光纤，必须弯折时，曲率半径不得小于 38mm。

（7）安装现场的所有线缆，如电源线、告警线和光纤等，应按照种类分开走线，互不干扰，并分开绑扎，且光纤不能用扎线捆绑。

❸ 操作规范

（1）如图 2-15 所示，禁止裸手拿机盘，操作时必须佩戴防静电手套或者防静电腕带。

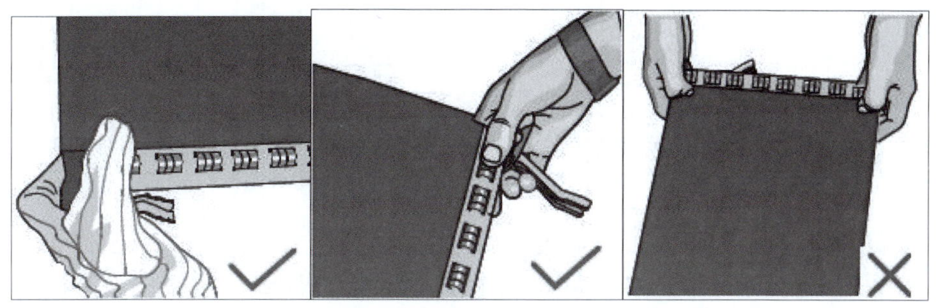

图2–15 操作规范（1）

（2）如图 2-16 所示，不得用手触摸机盘上的元器件、布线及插座中的金属导体。触摸机盘时必须采取静电防护措施。

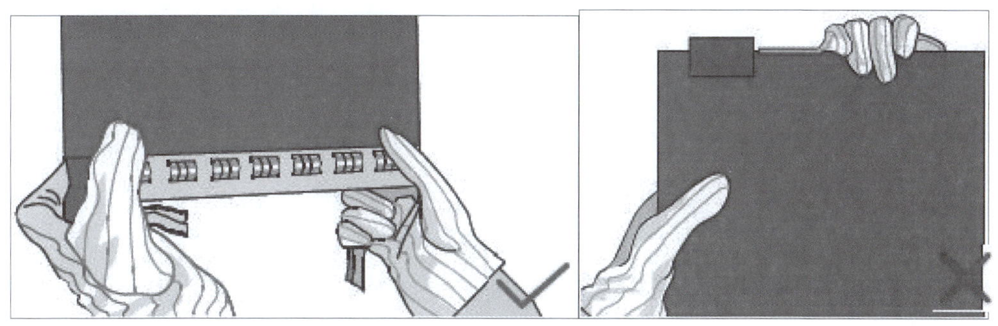

图2–16 操作规范（2）

（3）子框上的空槽位必须插满假面板，防止异物进入网元和系统散热风道，导致网元故障。

（4）机盘属于易碎贵重物品，请轻拿轻放，搬运或放置机盘时必须放在专用的包装箱里，以免引起机盘损坏。

（5）在机盘运输过程中，必须使用原有的包装材料，若原包装材料丢失，请联系设备厂家的工程师。

2.2.4 子框安装

子框的安装包括 19 英寸机柜安装、21 英寸前立柱机柜安装和 21 英寸后立柱机柜安装 3 种。

❶ 19 英寸机柜安装

（1）安装托架弯角

步骤 1：根据托架弯角的安装位置，在机柜两侧立柱对应的方形安装孔上安装螺母卡组件（如图 2-17 所示）。

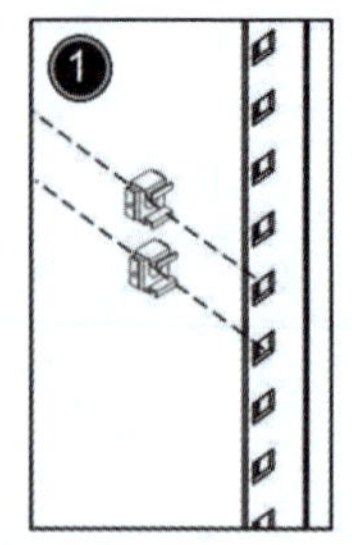

图2-17 使用螺母卡组件和螺钉固定托架弯角

步骤 2：将托架弯角卡在立柱中，用螺钉固定托架弯角。

（2）固定子框

步骤 1：根据子框的安装位置，在机柜两侧立柱对应的方形安装孔上安装螺母卡组件（如图 2-18 所示）。

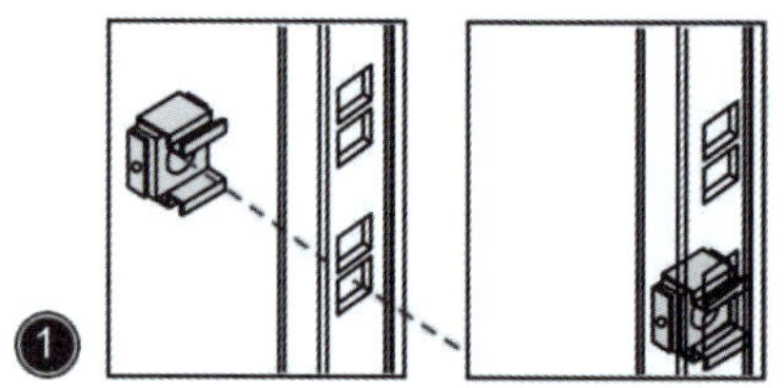

图2-18 安装子框固定螺母卡

步骤 2：将子框抬至托架弯角上，慢慢推进，直至子框上架弯角相应孔位与螺母卡组件对齐。

步骤 3：用螺丝刀沿顺时针方向拧入螺钉，将子框固定（如图 2-19 所示）。

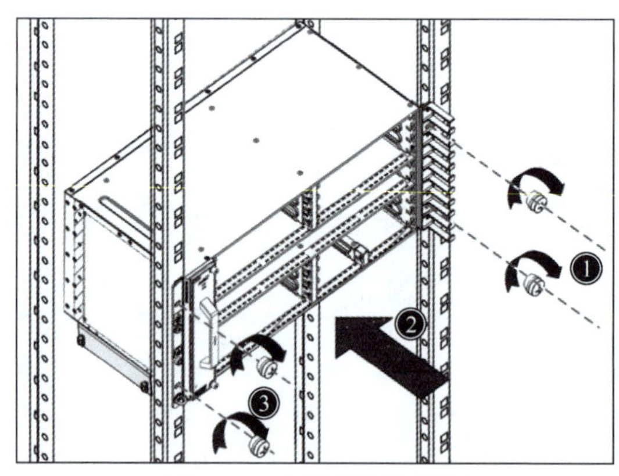

图2-19 安装并固定子框

（3）安装子框保护地线

步骤 1：将保护地线的一端 OT 裸压端子贴在子框的接地孔上，用螺钉将其固定。

步骤 2：安装螺母卡组件，并将另一端 OT 裸压端子贴在确定好的安装孔上（可随距离、位置灵活选取安装孔），用螺钉将其固定（如图 2-20 所示）。

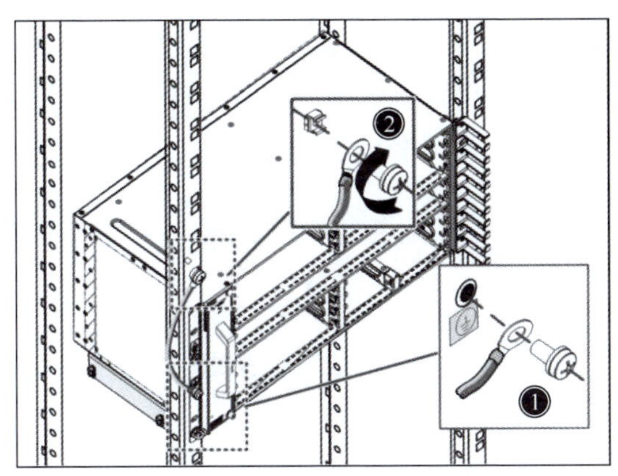

图2-20　安装并固定子框保护地线

2 21 英寸前立柱机柜安装

（1）安装托架弯角

步骤 1：根据托架弯角的安装位置，在机柜两侧立柱对应的方形安装孔上安装螺母卡组件。

步骤 2：将托架弯角卡在立柱中，用螺钉固定托架弯角（如图 2-21 所示）。

（2）安装转接弯角

安装转接弯角在子框左右两侧的上架弯角上（如图 2-22 所示）。

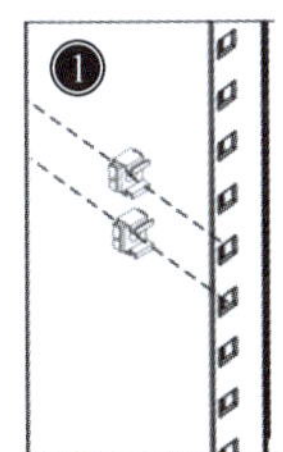

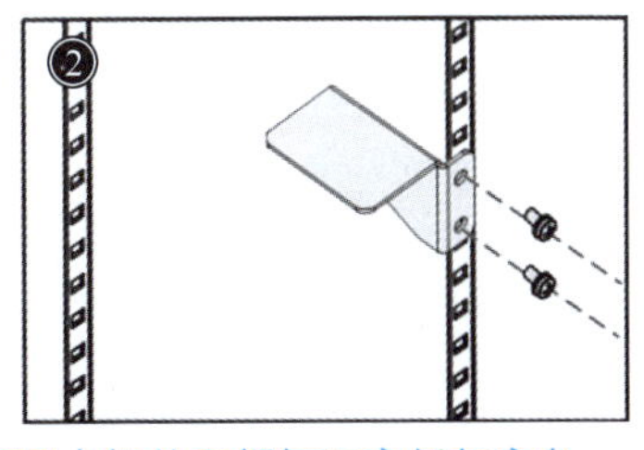

图2-21　使用螺母卡组件和螺钉固定托架弯角

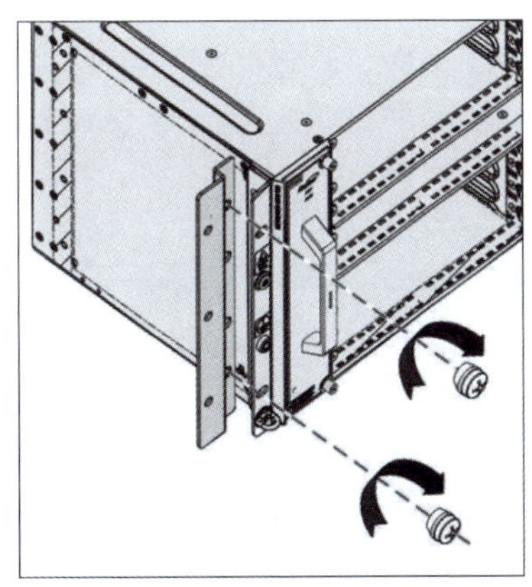

图2-22　使用螺钉固定转接弯角

（3）固定子框

步骤 1：将子框抬至托架弯角上，慢慢推进，直至子框上架弯角相应孔位与螺母卡组件对齐。

步骤 2：用螺丝刀沿顺时针方向拧入螺钉，将子框固定（如图 2-23 所示）。

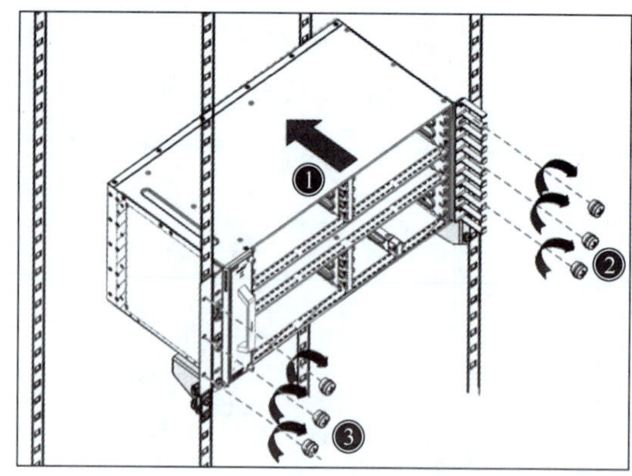

图2-23　安装并固定子框

（4）安装子框保护地线

步骤 1：保护地线的一端 OT 裸压端子贴在子框的接地孔上，用螺钉将其固定。

步骤 2：安装螺母卡组件，并将另一端 OT 裸压端子贴在确定好的安装孔上（可随距离、位置灵活选取安装孔），用螺钉将其固定（如图 2-24 所示）。

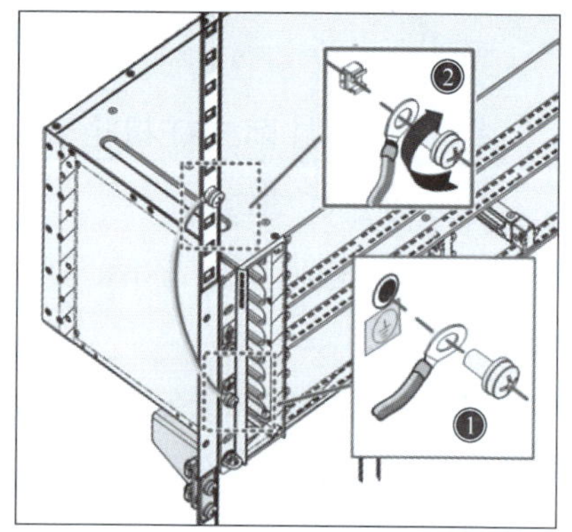

图2-24　安装并固定子框保护地线

3 21 英寸后立柱机柜安装

（1）安装托架弯角

步骤 1：根据托架弯角的安装位置，在机柜两侧立柱对应的方形安装孔上安装螺母卡组件。

步骤 2：将托架弯角卡在立柱中（机柜的同侧后立柱和中间立柱中），用螺钉固定托架弯角（如图 2-25 所示）。

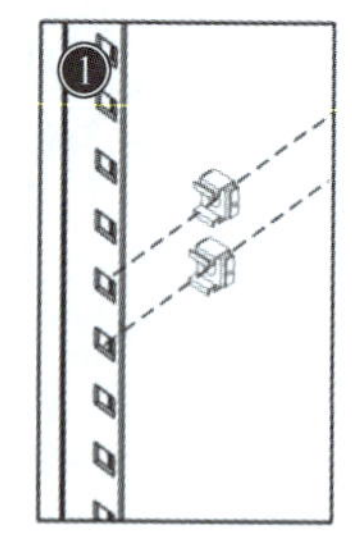

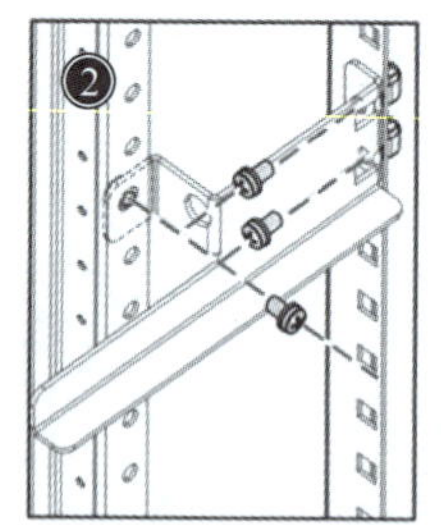

图2-25　使用螺母卡组件和螺钉固定托架弯角

（2）安装转接弯角

在子框左右两侧安装上架弯角（如图 2-26 所示）。

（3）固定子框

步骤 1：根据子框的安装位置，在机柜两侧立柱对应的方形安装孔上安装螺母卡组件（如图 2-27 所示）。

步骤 2：将子框抬至托架弯角上，慢慢推进，直至子框上架弯角相应孔位与螺母卡组件对齐。

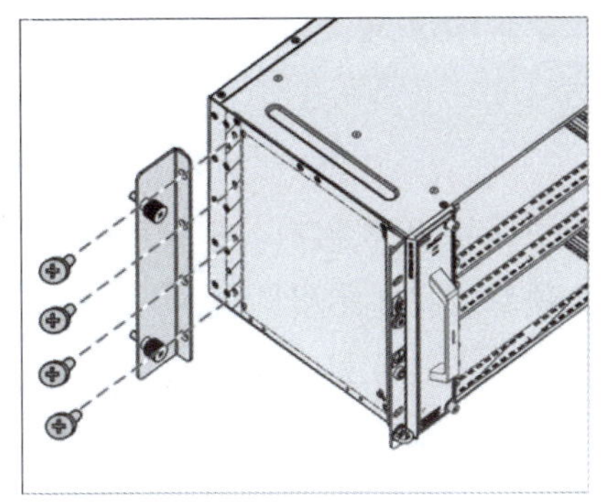

图2-26　使用螺钉固定转接弯角

图2-27　安装子框固定螺母卡

步骤 3：用螺丝刀沿顺时针方向拧入螺钉，将子框固定（如图 2-28 所示）。

（4）安装子框保护地线

步骤 1：保护地线的一端 OT 裸压端子贴在子框的接地孔上，用螺钉将其固定。

步骤 2：安装螺母卡组件，并将另一端 OT 裸压端子贴在确定好的安装孔上（可随距离、位置灵活选取安装孔），用螺钉将其固定（如图 2-29 所示）。

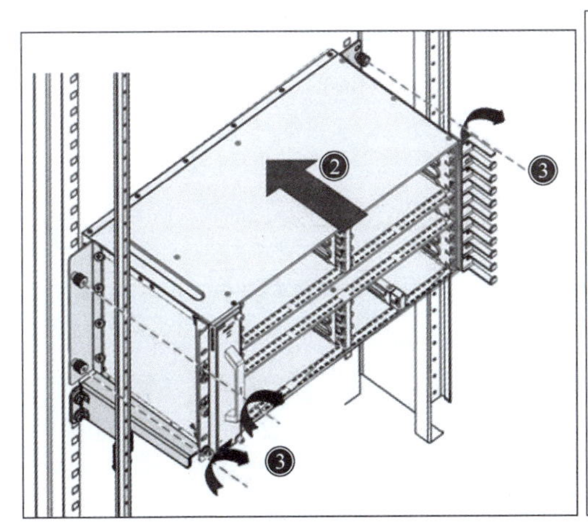

图2-28　安装并固定子框

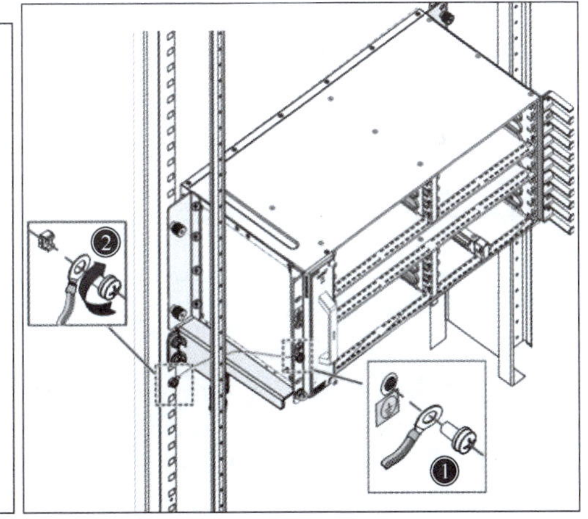

图2-29　安装并固定子框保护地线

❹ 插入机盘

浮插机框内所有机盘（电源盘、风扇、主控交叉盘、业务盘），确认空槽位已插入假面板。

2.2.5 线缆安装

线缆安装包括 PDP 电源线、子框电源线、时钟 / 时间线缆的安装。

① 安装前准备

线缆安装前，需要拆卸 PDP 的前面板及处理进出线口。

（1）拆卸 PDP 前面板，如图 2-30 所示。

（2）处理进出线口。

① 外部线缆布放进机柜时，如果机柜顶部或底部已安装盖板，须根据线缆布放位置掀开顶部或底部的塑料盖板、用锋利物扎破顶部或底部的塑料网，供线缆进出。

② 图 2-31 以处理柜顶进出线口为例进行说明。用一字螺丝刀撬起条状塑料盖板有尼龙铆钉的一端，或用锋利物划开进出线口的塑料网。

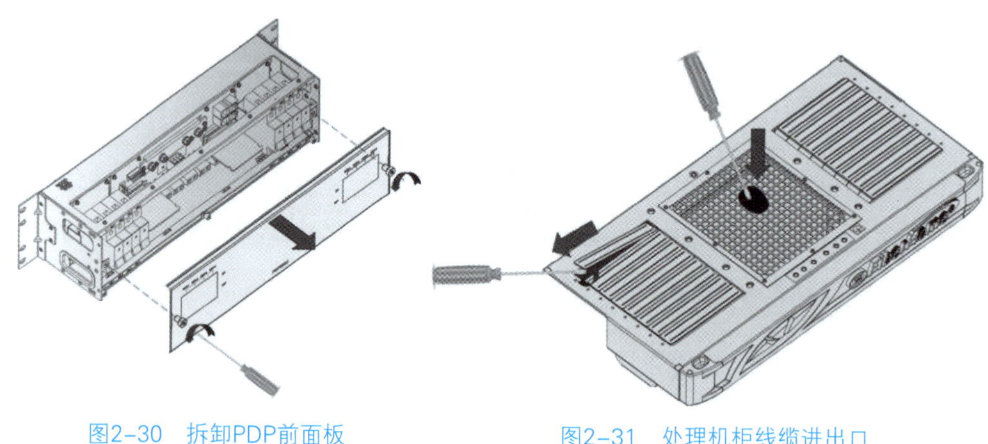

图2-30 拆卸PDP前面板　　图2-31 处理机柜线缆进出口

② 安装 PDP 电源线

> 注意：电源线应按照最短原则在保证按路由走线的情况下现场加工。电源线必须采用整段线料，中间无接头。PDP 的电源地 GND 和保护地 PE，须分别连接机房的电源地和保护地，如图 2-32 所示。

（1）连接 −48V 电源线到 PDP。拧松 PDP 中标有“−48V_1 ～ −48V_4”的自动断路器上端的螺钉，将 −48V 电源线的管形端子插入插孔中，拧紧螺钉固定。

（2）连接电源地线。拧松 PDP 汇流排上 4 个端子的螺钉，将 GND 电源线上的管形端子插入插孔中，拧紧螺钉固定。

（3）连接保护地线。拧松 PDP 中 XS6 中“PE”端子上的螺钉，将 PE 接地线的管形端子插入插孔中，拧紧螺钉固定。

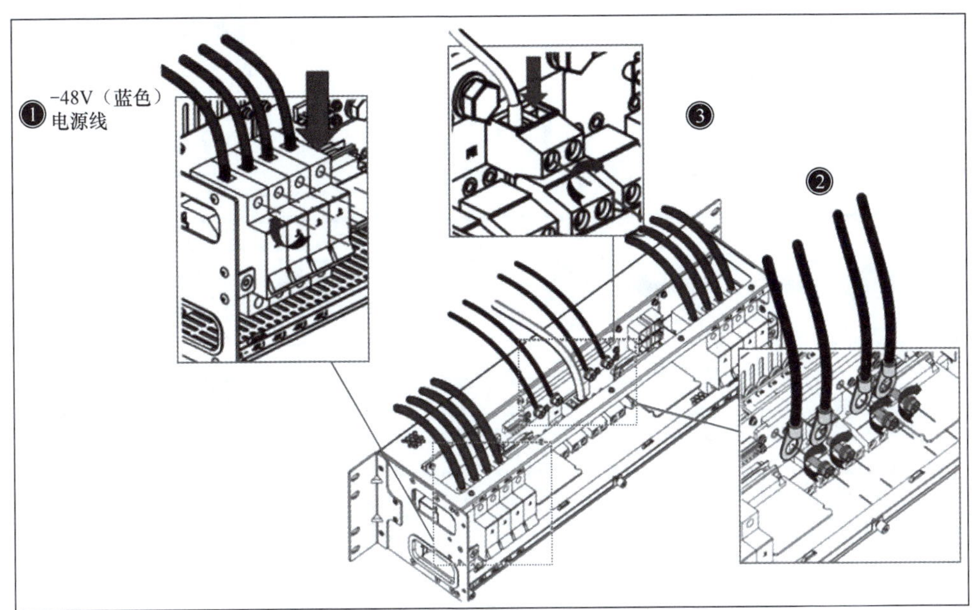

图2-32　安装PDP电源线

❸ 安装子框电源线

（1）确保PDP上相应子框的电源控制开关置于OFF侧（如图2-33所示）。

（2）将主、备子框电源线的D形连接器分别插入主、备电源盘的电源插口，拧紧防松螺钉，如图2-34所示。

图2-33　确认开关置于OFF状态

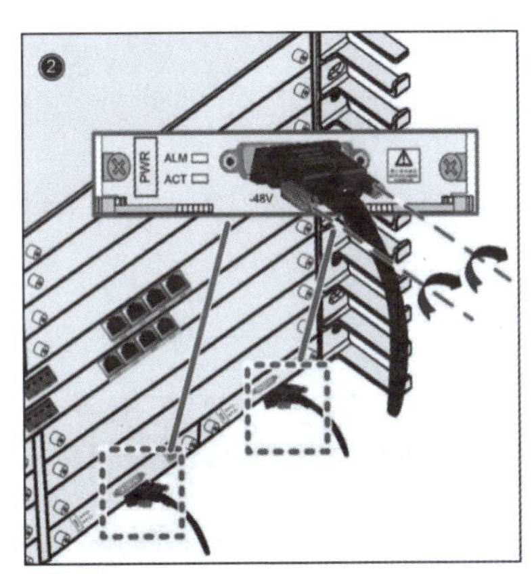

图2-34　连接并固定子框电源线

（3）连接PDP侧电源线。

① 主用−48V子框电源线通常连接至PDP上A区“XS2”/“XS7”对应的“−48V_A_1”～“−48V_A_4”任一接线端子。

② 备用−48V子框电源线通常连接至PDP上B区“XS3”/“XS8”对应的“−48V_B_1”～“−48V_B_4”任一接线端子。

③ 主用0V子框电源线通常连接至PDP上A区“XS4”/“XS5”对应的“0V_

A_1”～“0V_A_4”任一接线端子，备用0V子框电源线通常连接至PDP上B区“XS9”/“XS10”对应的“0V_B_1”～“0V_B_4”任一接线端子，将PDP前面板上的开关置于ON侧。

PDP侧连接示意如图2-35所示。

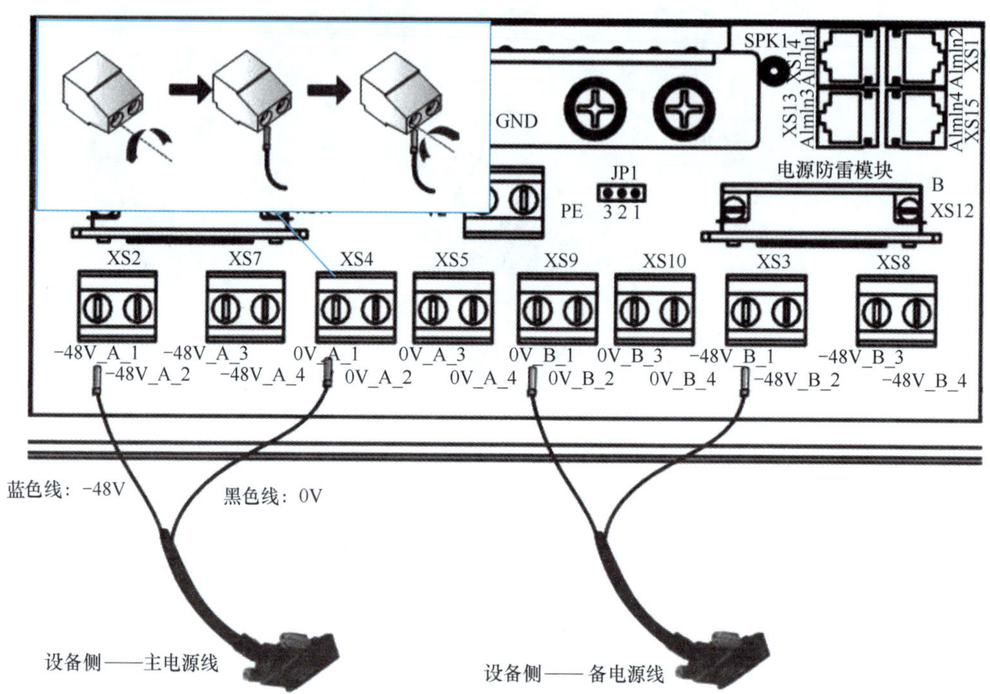

图2-35　PDP侧连线示意

④ 安装时钟/时间线缆

如图2-36所示，将时钟线缆的RJ45插头插入SRC5F盘的CLK口，另一端裸线连接至机房时钟源。

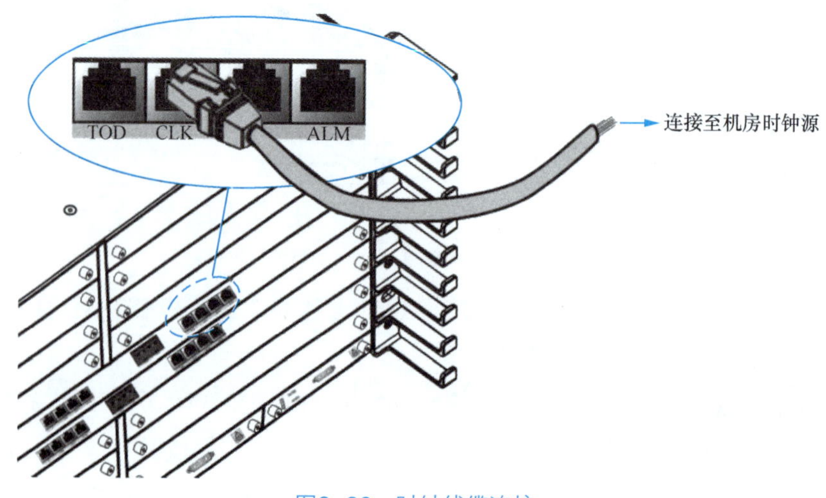

图2-36　时钟线缆连接

时间线缆连接方法与时钟线缆连接方法类似，将时间线缆的 RJ45 插头插入 SRC5F 的 TOD 口，另一端 RJ45 插头连接至机房的时间源。

2.2.6 光纤布放

布放设备侧光纤跳线

（1）布放光纤跳线前，需要做好以下准备工作。

① 将光纤两端做临时标记，并理顺放直，注意收发纤成对。

② 根据光纤长度剪取适合长度的波纹管（从出本端机柜到进入对端机柜 /ODF 架之间的光纤均需套波纹管）。

波纹管、ODF 架示意如图 2-37 所示。

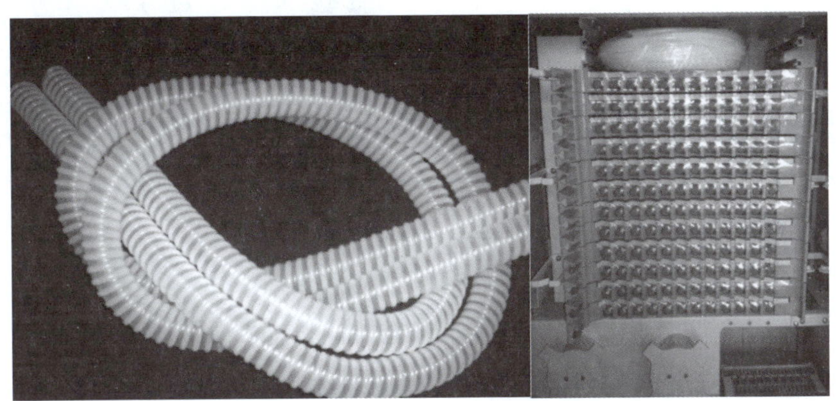

图2-37　波纹管（左）、ODF架（右）示意

③ 调整管外光纤长度：对于客户侧和线路侧的光纤，若有富余长度，则须将富余部分均留在 ODF 架侧，即保证客户侧和线路侧光纤在进入本设备机柜后无冗余。

④ 将装入波纹管的光纤从其他机柜或 ODF 架经列槽道布放至本机柜，由进 / 出线口穿入机柜。

（2）将光纤跳线的一端插入设备侧机盘光接口，整理布放光纤跳线，另一端连接至机房 ODF 架，如图 2-38 所示。

图2-38　光纤跳线连接示意

注意：

① 安装布放光纤跳线时不得过度弯折光纤，必须弯折时，曲率半径不得小于 38mm。

② 进行光纤的安装、维护等各种操作时，严禁肉眼靠近或直视光纤出口。

③ 安装现场的所有线缆，如电源线、告警线和光纤等，应按照种类分开走线，互不干扰，并分开绑扎，且光纤须用光纤绑扎带捆绑。

（3）整理光纤跳线。

① 光纤连接完毕后，用光纤绑扎带在进入机柜和临近走纤区之间绑扎光纤，使之固定。

② 连接 ODF 侧的光纤。

③ 制作并在光纤两端粘贴标签（如图 2-39 所示）。

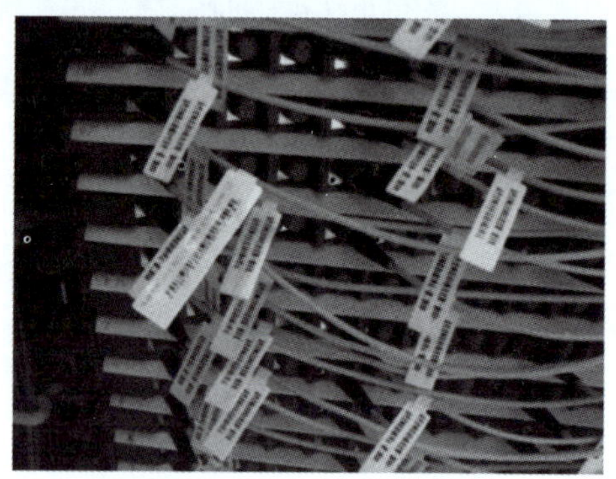

图2-39 光纤标签

任务习题

1. 5G 承载设备安装的配套机柜有哪几种尺寸？
2. 5G 承载设备安装的主要步骤是什么？

2.2.7 实训单元——设备安装

实训目的

基于 5G 承载设备安装规范，熟练掌握设备安装流程和注意事项。

实训内容

使用 5G 承载网实训仿真软件，实施现场设备安装操作。

实训准备

1. 实训环境准备

（1）硬件：可登录实训系统仿真软件的计算机终端。

（2）软件：实训系统仿真软件。

2. 相关知识点要求

（1）5G 承载网设备子框结构及各机盘槽位分布。

（2）5G 承载网设备机盘面板接口、指示灯含义和主要功能。

（3）5G 承载网设备安装流程。

实训步骤

1. 子框安装

（1）19 英寸机柜安装。

（2）21 英寸前立柱机柜安装。

（3）21 英寸后立柱机柜安装。

（4）插入机盘。

2. 安装 PDP 电源线和子框电源线，设备上电。

3. 安装时钟线和时间线。

4. 插入光模块，布放光纤。

评定标准

能够基于任务实施流程描述，正确且高效地使用实训系统仿真软件完成设备硬件安装。

实训小结

实训中的问题：____

____

____

问题分析：____

____

____

问题解决方案：____

____

思考与拓展

1. 不同尺寸机柜可安装设备的数量是多少？
2. 设备拆卸可分为哪几个步骤？

任务 3 5G 承载网设备硬件测试

【任务前言】

承载网设备硬件安装完毕后，须进行硬件测试，以确保设备能正常工作。大家可以回忆一下，平常购买电子产品后怎么判断产品是否能正常工作呢？一般包含上下电检查以及在使用过程中查看各项指标是否正常。那么对于 5G 承载网设备，硬件测试步骤是否也类似呢？带着这样的问题，我们进入本任务的学习。

【任务描述】

本任务主要介绍承载网设备的硬件测试方法，包括检查线缆布放、上电检查以及输出硬件测试记录，使学员能够完成 5G 承载网设备的硬件测试。

【任务目标】

- 能够完成线缆布放的检查。
- 能够完成上电检查。
- 能够完成硬件测试记录表的编写。

知识储备

2.3.1 检查线缆布放

线缆布放完毕后，按表 2-9 内容进行检查。

表 2–9 线缆安装检查项

序号	检查内容	检查方法
1	布放电缆的规格、路由、截面和位置应符合施工图的规定，电缆排列必须整齐，外皮无损伤	查看
2	线缆插头干净无损坏，现场制作的插头正确、规范，接头连接正确、可靠	查看
3	线缆沿机柜向上布放至走线架，布放时和柜顶通风孔距离不得小于 10cm；机柜离走线架距离超过 0.8m 时应该加装走线梯	查看

续表

序号	检查内容	检查方法
4	下走线时，电缆在地面地板下叠加布放，最高不得超过地板下净高度的 3/4，以免影响通风散热	查看
5	尾纤布放： （1）布放尾纤时，拐弯处不应过紧或相互缠绕，成对尾纤要理顺绑扎，且绑扎力度适宜，不得有扎痕； （2）尾纤在线扣环中可自由抽动，不得呈直角拐弯状态； （3）布放后不应有其他电缆或物品压在上面	查看

2.3.2 上电检查

1 上电前检查

CiTRANS 650 U5 设备采用 –48V 直流电源供电，电压允许变化为 –38.4 ～ 57.6V 。设备通电前，应对下列内容进行检查。

（1）确认 PDP 电源线与外部供电设备正确连接。

（2）各级线缆正确连接。

（3）PDP 上所有电源开关均置于 OFF 侧。

（4）已拔掉各个子框的电源线插头。

（5）子框内所有机盘被拔出（或浮插）。

（6）子框内所空槽位已安装假面板。

2 设备上电检查

（1）测量 PDP 上外部电源“–48V”与“GND”端子之间的电压，其正常值应在 –38.4 ～ 57.6V。

（2）PDP 上的开关均置于 ON 侧。

（3）分别测量各个子框插头的“–48V”与“0V”端子之间的电压，所测电压值应在 –38.4 ～ 57.6V，将 PDP 前面板上的开关均置于 OFF 侧。

（4）将子框电源线插头插入子框电源接口。将 PDP 前面板上的开关均置于 ON 侧。确认子框无异响、无异味。

（5）插入风扇单元，风扇单元运行正常，风扇单元周围应有空气流通。

（6）依次插入机框内各个机盘，2 ～ 3min 后机盘正常上电，子框各个机盘的指示灯正常。

（7）设备掉电检查

（8）设备上电并正常运行 10min 左右，将 PDP 前面板上的开关均置于 OFF 侧。

（9）确认子框无异响、无异味，测量 PDP 上外部电源“–48V”与“GND”端子之间的电压，其正常值应在 –38.4 ～ 57.6V。

（10）将 PDP 上的开关均置于 ON 侧。

（11）风扇单元运行正常，风扇单元周围应有空气流通。

（12）2 ～ 3min 后机盘正常上电，子框各个机盘的指示灯正常。

2.3.3 输出硬件测试记录

设备上电运行后，机盘面板上的指示灯用来指示机盘的运行和告警等状态。设备上电测试后，须记录机盘运行的状态，如有异常须及时处理。

示例参考表 2-10。

表 2–10　单站硬件测试记录

站点名称			枢纽站 1			记录日期		2021/03/03	
记录人员			张三			联系方式		123*********	
观察项	PWR		SRC5F			MAC8		LFAC2	
	ACT 灯	ALM 灯	ACT 灯	ALM 灯	STA 灯	ACT 灯	ALM 灯	ACT 灯	ALM 灯
5min	常亮	不亮	常亮	不亮	快 / 慢	常亮	不亮	常亮	不亮
	正常	正常	正常	正常	正常	正常	正常	正常	正常
30min	常亮	不亮	快闪	不亮	快 / 慢	快闪	不亮	快闪	不亮
	正常	正常	正常	正常	正常	正常	正常	正常	正常

任务习题

1. 硬件测试包括哪几个主要步骤？
2. 线缆检查主要包括哪几个方面？

项目解析

项目 3 5G 承载网中的以太网技术

项目简介

承载网设备之间的互联接口均为以太网接口，因此以太网技术是 5G 承载网的基石。本项目将介绍以太网交换原理、VLAN 技术。

项目目标

- 掌握以太网交换原理。
- 掌握虚拟局域网 VLAN 原理及应用。
- 能够完成 VLAN 的配置。

项目导图

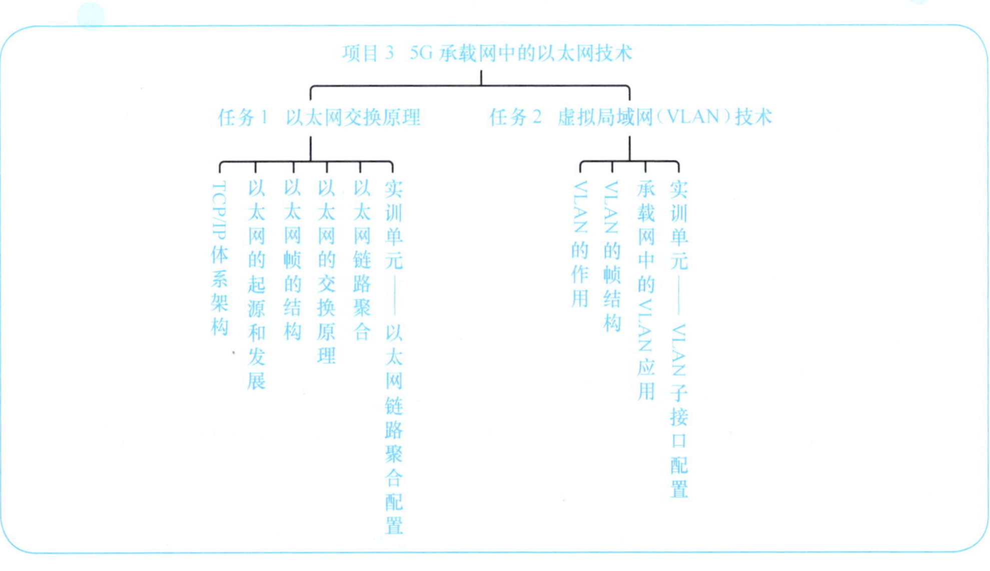

任务 1 以太网交换原理

【任务前言】

为什么学习任何通信技术都会首先提到 TCP/IP 体系？什么是 TCP/IP？作为当前网络设备互联的主流技术的以太网，又经历了怎样的发展历程？什么是以太网交换？带着这样的问题，我们进入本任务的学习。

【任务描述】

使学员掌握以太网的帧结构和以太网交换的工作原理。

【任务目标】

- 掌握 TCP/IP 体系架构。
- 了解以太网的起源和发展历程。
- 掌握以太网的帧结构。
- 掌握以太网的交换原理。

知识储备

3.1.1 TCP/IP 体系架构

计算机网络自从 20 世纪 60 年代问世以来得到了飞速发展，并逐渐演变、分离为连接各种业务终端、节点设备的多样化的通信网络。起初，国际上各大厂商为了在通信网络领域占据主导地位，顺应信息化潮流，纷纷推出了各自的网络架构体系和标准，例如 IBM 公司的 SNA、Novell 公司的 IPX/SPX 协议、Apple 公司的 AppleTalk 协议、DEC 公司的 DECnet，以及广泛流行的 TCP/IP。同时，各大厂商针对自己的协议生产出不同的硬件和软件。各个厂商的共同努力无疑促进了网络技术的快速发展和网络设备种类的迅速增加。

但由于多种协议的并存，网络变得越来越复杂，而且厂商之间的网络设备大部分不能兼容，很难进行互联互通。为了解决网络之间的兼容性问题，帮助各个厂商生产出可互连互通的网络设备，国际标准化组织（ISO，International Standard Organization）于 1984 年提出了开放式系统互联参考模型（OSI RM，Open System Interconnection Reference Model）。其中，“开放”是指非独家垄断的，遵循 OSI 标准即可实现互联互通。OSI 参考模型很快成为计算机网络通信的基础模型。

在设计 OSI 参考模型（如图 3-1 所示）时，主要遵循了以下原则。

（1）各层之间有清晰的边界，便于理解。

（2）每层实现特定的功能。

（3）层次的划分有利于国际标准协议的制定。

（4）层的数目应该足够多，以避免各层功能重复。

计算机网络的各层及其协议的结合，称为网络的体系架构，又称为分层模型。OSI 的协议架构有 7 层：第 1 层，物理层（Physical Layer）；第 2 层，数据链路层（Data Link Layer）；第 3 层，网络层（Network Layer）；第 4 层，传输层（Transport Layer）；第 5 层，会话层（Session Layer）；第 6 层，表示层（Presentation Layer）；第 7 层，应用层（Application Layer）。层次化的设计，有利于降低设备实现的复杂度。

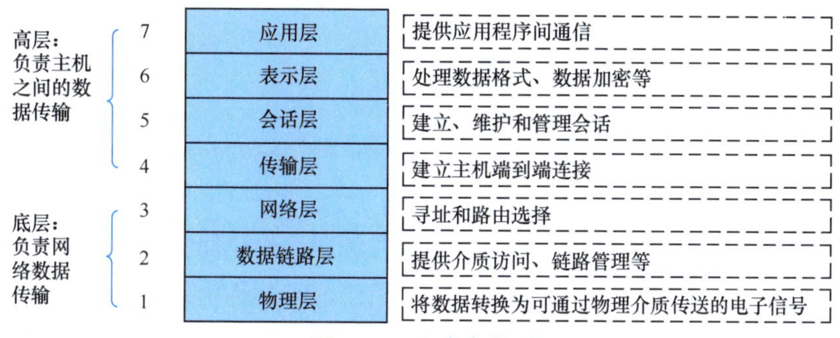

图3-1 OSI参考模型

如图 3-1 所示，通常，我们把 OSI 参考模型第 1 层～第 3 层称为底层（Lower Layer），这些层负责数据在网络中的传输。网络互联设备往往位于下三层，通常以硬件和软件相结合的方式来实现。第 4 层～第 7 层称为高层（Upper Layer），用于保障主机之间数据的正确传输，通常以软件方式来实现。

需要注意的是，由于种种原因，现在还没有一个完全遵循 OSI 七层模型的网络体系，但 OSI 参考模型的设计蓝图为我们更好地理解网络体系、学习计算机通信网络知识奠定了基础。OSI 七层模型虽然概念清楚，但是它复杂又不实用。而起源于 20 世纪 60 年代末，由美国政府资助的一个分组交换网络研究项目的传输控制协议 / 网际协议（TCP/IP，Transmission Control Protocol/Internet Protocol）体系结构，获得了商业上的成功。TCP/IP 取代 OSI，作为计算机网络的国际标准。TCP/IP 是 Internet（互联网）最基本的协议、国际互联网络的基础。5G 承载网也遵循 TCP/IP 体系而设计。

TCP/IP 是一个四层的体系架构，从低到高依次是网络接口层、网络层、传输层和应用层。

OSI 与 TCP/IP 都是分层结构（如图 3-2 所示），都要求层和层之间具备很密切的协作关系。它们有相同的应用层、传输层、网络层。在 TCP/IP 参考模型中，去掉了 OSI 参考模型中的会话层和表示层（这两层的功能被合并到应用层实现），同时将 OSI 参考模型中的数据链路层和物理层合并为网络接口层。

因为网络接口层没有独立的数据链路层和物理层易于理解，因此在学习计算机网络时，往往采取折中的五层体系架构。后面提到的分层模型均为 TCP/IP 的五层模型。

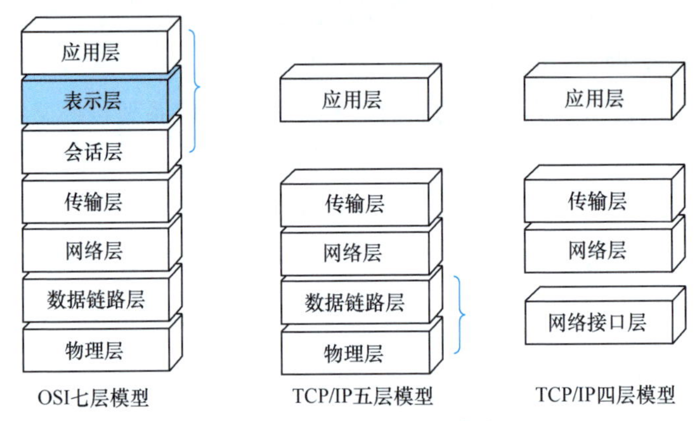

图3-2　TCP/IP与OSI模型对比

TCP/IP 模型的每一层支持不同的通信功能，具体如下。

（1）应用层是 OSI 参考模型最靠近用户的一层，为应用程序提供网络服务。人们在计算机、手机或其他数字终端上使用的各种应用程序都属于应用层。因此应用层的协议很多，如用于网页浏览的 HTTP、用于电子邮件中的 SMTP、用于文件传输的 FTP 和用于远程登录的 Telnet 协议等。

（2）传输层为两台主机上的应用程序提供端到端的通信，包括差错控制和流量控制。该层向高层屏蔽下层数据通信的细节。传输层是从应用层接收数据，给数据加上本层协议附加的控制信息，然后将数据传递给网络层，并确保到达对方的各段信息正确无误。传输层主要有两个协议：TCP（传输控制协议）和 UDP（用户数据报协议）。TCP 是面向连接的，提供可靠的传输。UDP 是无连接的，不保证可靠的传输，任何必需的可靠性由应用层提供。由于一个主机可同时运行多个程序，因此传输层使用端口号来对应不同的应用层协议，如 FTP 的端口号为 21、HTTP 的端口号为 80。因此，复用和分用是传输层的基本功能。防火墙设备工作在传输层。

（3）网络层，又称为 IP 层或三层，主要功能是寻址（IP 地址）和路由转发。根据数据分组的目的 IP 地址，为报文选择最优路径。网络层一般通过路由协议来计算路由。网络层的协议有：IP（网际协议）、ARP（地址解析协议）、ICMP（Internet

控制报文协议）、IGMP（Internet 组管理协议）等。路由器、三层交换机和 5G 承载网设备均工作在网络层。

（4）数据链路层，又称为链路层或二层。两个主机之间的数据是在一段一段的链路（相邻的设备与主机之间，或主机与主机之间）上传输的，所以需要专门的链路层协议。数据链路层与物理地址、线缆规划、错误校验、流量控制等有关。目前，数据链路层设备主要是以太网交换机。常见的数据链路层协议有 Ethernet（以太网）、PPP（点到点协议）、ATM（异步传输模式）等。当前最流行的是 Ethernet。

（5）物理层的任务是在通信媒介上透明地传输比特流，实现传输数据所需要的机械、电气等功能特性。物理层涉及电压、线缆、数据传输速率和接口等。中继器、集线器和波分设备均工作在物理层。

值得注意的是，TCP/IP 体系架构不是单指 TCP 和 IP 这两个具体的协议，而是由各层协议组成的 TCP/IP 簇。

每一层的数据有一个统一的名字——协议数据单元（PDU，Protocol Data Unit）。相应地，应用层数据称为应用层协议数据单元（APDU，Application Protocol Data Unit），传输层数据称为段（Segment），网络层数据称为数据分组（Packet，又称分组、IP 包或数据报），数据链路层数据称为帧（Frame），物理层数据称为比特流（Bit）。

两个主机之间的相同层次之间的通信称为对等通信。为了保证对等层之间能够准确无误地传递数据，对等层间应运行相同的网络协议。例如，应用层的 E-mail 应用程序不会和对端应用层 Telnet 应用程序通信，但可以和对端 E-mail 应用程序通信。

终端主机的每一层并不能直接与对端相对应层直接通信，而是通过下一层为其提供的服务来间接与对端对等层交换数据。例如，一个终端设备的传输层和另一个终端设备的对等传输层利用 Segment 进行通信。传输层的 Segment 成为网络层 Packet 的一部分，网络层 Packet 又成为数据链路层 Frame 的一部分，最后转换成比特流传送到对端物理层，又依次到达对端数据链路层、网络层、传输层，实现了对等层之间的通信，如图 3-3 所示。

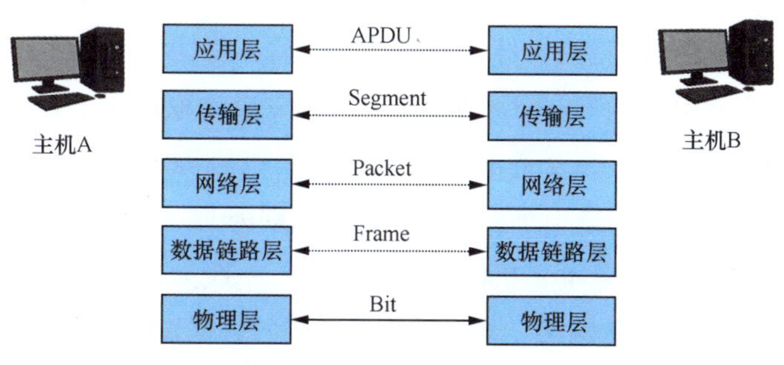

图3-3 对等层之间的通信

在发端，上层 PDU 向下层 PDU 逐层转换的过程称为封装（Encapsulation）。

以图 3-4 中 Web 服务器 A 和主机 B 直连为例。Web 服务器 A 向主机 B 发送网页内的文字、图像、视频等应用数据（Data）。在发端，Data 先到达到应用层，应用层为其加上应用层协议的头部 AH，形成本层的 APDU。APDU 作为下层 PDU 的 Payload（净荷）被送到传输层，传输层为其加上传输层协议的头部 TH，形成本层的 Segment。Segment 作为下层 PDU 的 Payload 被送到网络层，网络层为其加上网络层协议的头部 NH，形成本层的 Packet。Packet 作为下层 PDU 的 Payload 被送到数据链路层，数据链路层为其加上数据链路层协议的头部 DH 和尾部 DT（有的协议只加头部），形成本层的 Frame。Frame 被送到物理层，经过编码调制、串并转换或电光转换等一系列处理后，以比特流的形式在物理媒介上传输。

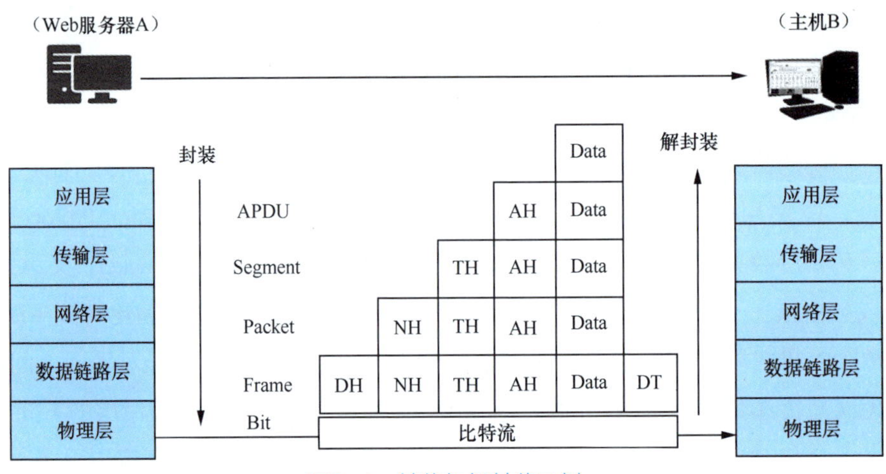

图3-4　封装与解封装示例

从传输层到数据链路层，每一层协议的头部都包含一些控制信息，其中最重要的是该协议定义的地址信息。例如，传输层的 TCP 或 UDP 的地址信息为 Port（端口号）；网络层的 IP 协议的地址信息为 IP 地址；数据链路层的以太网协议的地址信息为 MAC 地址，数据链路层的地址一般被认为是物理地址。地址信息包含源地址和目的地址，其中目的地址引导数据的走向，源地址指示数据的来源。

在收端，下层 PDU 向上层 PDU 逐层转换的过程称为解封装（Decapsulation）。在收端，物理层接收到比特流，经过一系列处理后，将比特流送到数据链路层。数据链路层将比特流识别为 Frame，读取头部 DH（或读取尾部 DT）的信息，因为 DH 里目的地址指的是本端设备的物理地址，所以删除 DH（或 DT），将剩下的 Payload 上送到网络层。网络层将接收到的数据识别为 Packet，读取头部 NH 的信息，发现 NH 的目的地址指的是本主机的网络层地址（一般为 IP 地址），所以删除 NH，将剩下的 Payload 上送到传输层。传输层将接收到的数据识别为 Segment，读取头部 TH 的信息，获得 TH 内的目的端口号，删除 TH 后，将 Payload 上送到对应的应用层协议处理。应用层将接收到的数据识别为 APDU，读取头部 AH 的信息，删除 AH 后，将 Payload（图 3-4 中的 Data）上送到对应的应用程序。

如果源主机和宿主机之间存在网络设备，网络设备又是如何封装和解封装数据的呢？如果定义某类网络设备工作在数据链路层（二层），是指该设备只能支持物理层和数据链路层，则解封装最高到数据链路层。如果定义某类网络设备工作在网络层（三层），是指该设备只能支持物理层、数据链路层、网络层，则解封装最高到网络层。解封装后，如果目的地址为本设备，则删除对应的头部信息；否则，仅读取头部信息，查表处理，找到出接口，转发出报文。

3.1.2　以太网的起源和发展

以太网技术起源于一个实验网络，目的是把几台个人计算机以 3Mbit/s 的速率连接起来。以太网一般是指由 DEC、Intel 和 Xerox（施乐公司）组成的 DIX 联盟开发并于 1982 年发布的 10Mbit/s 的以太网标准提议。后来，IEEE（电气与电子工程师学会）开始制定和发展以太网标准。

以太网是当今现有局域网（LAN，Local Area Network）采用的最通用的通信协议标准。该标准定义了在局域网中采用的电缆类型和信号处理方法。以太网作为一种原理简单、便于实现同时价格低廉的局域网技术，已经成为业界的主流，取代了早期的 PPP、HDLC（高级数据链路控制）、X.25、ATM 等数据链路层技术。

在最初的以太网中，计算机和其他数字设备是通过一条共享的物理线路（一般为同轴电缆）连接起来的。因此它们之间必须采用半双工（同一时刻，只能有一台设备向物理线路发送数据）的方式来访问该物理线路，而且必须有冲突检测和避免机制，以避免它们在同一时刻抢占线路，这种机制就是 CSMA/CD（Carrier Sense Multiple Access/Collision Detection）。以 CSMA/CD 机制为基础的以太网被称为共享式以太网，如图 3-5 所示。

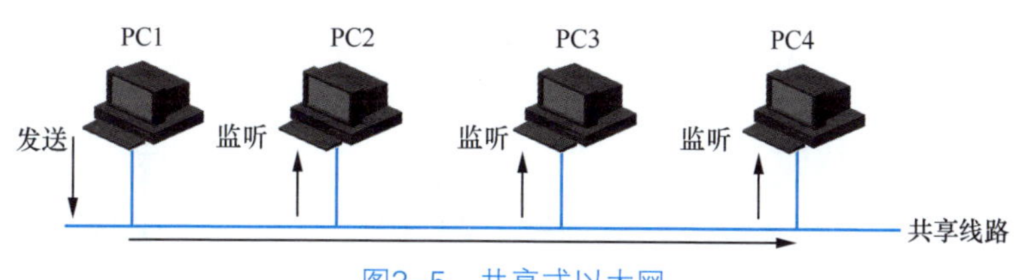

图3-5　共享式以太网

CS 为载波侦听，在发送数据之前进行监听，以确保线路空闲，减少冲突的机会。MA 为多址访问，每个站点发送的数据，可以同时被多个站点接收。CD 为冲突检测，由于两个站点同时发送信号，信号叠加后，会使线路上电压的摆动值超过正常值一倍，据此可判断冲突的产生，边发送边检测，发现冲突就停止发送，然后延迟一个随机时间之后继续发送。

由于 CSMA/CD 算法的限制，规定以太网的最小帧长为 64 字节。这样规定是为了避免 A 站点已经将一个数据分组的最后一个比特发送完毕，但这个报文的第一比特还没有传送到距离很远的 B 站点。B 站点认为线路空闲，便向线路发送数据，导致冲突。

局域网早期使用组网设备 HUB，其内部有一根总线，HUB 的每个端口在同一个冲突域。因此使用 HUB 组的局域网不能解决端口之间的冲突问题，限制了网络性能。假设一个 HUB 有 4 个 10Mbit/s 端口，但是由于冲突问题的存在，整机的交换容量就是 10Mbit/s。由于无论哪个端口接收到数据，HUB 都会复制，并向其他端口转发，这种转发方式即为广播，所以 HUB 的每个端口也在同一个广播域。因此，HUB 上电后，无须人工对其配置就能解决主机之间的通信问题。HUB 组网及内部结构如图 3-6 所示。

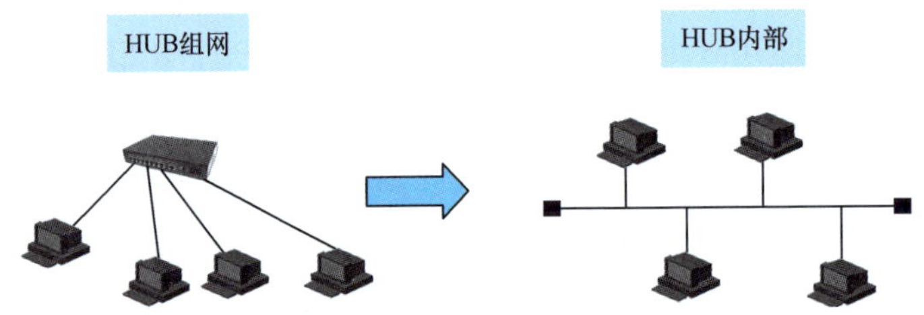

图3-6　HUB组网及内部结构

如图 3-7 所示，交换机作为一种能隔绝冲突的二层网络设备，内部用交换矩阵替代了总线，用全双工代替了半双工，传输数据的效率大大提高，成为主流的以太网设备。假设一个交换机有 16 个 10Mbit/s 端口，由于每个端口都可以同时向交换机发送或接收数据，整机的交换容量至少是 160Mbit/s。由于交换机的出现，以太网由共享式发展到交换式。

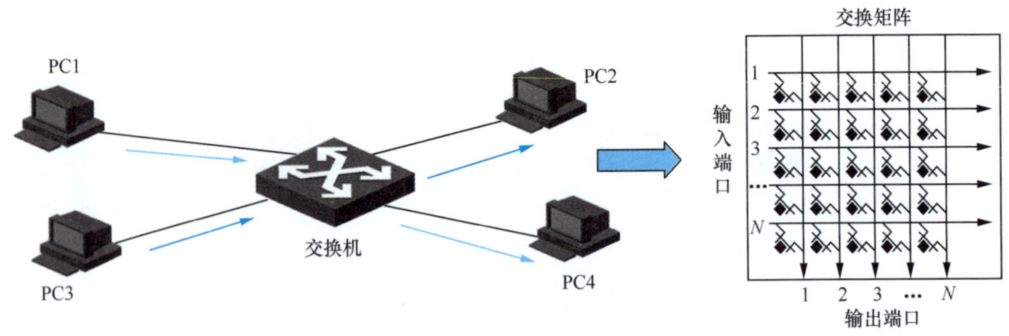

图3-7　交换机组网及内部结构

所谓全双工，就是数据的发送和接收可以同时进行，互不干扰。全双工从根本上解决了以太网的冲突问题，以太网从此告别 CSMA/CD。当前的网卡、交换机、路由器的端口都支持全双工模式。

我们回顾一下以太网的发展历程。

1973 年：Metcalfe（梅特卡夫）博士在施乐实验室发明了以太网，并开始进行以太网拓扑的研究工作。

1976 年：施乐公司构建基于以太网的局域网，并连接了超过 100 台计算机。

1980 年：DEC、Intel 和施乐联手发布 10Mbit/s 以太网标准提议。

1983 年：IEEE 802.3 工作组发布 10BASE-5 “粗缆”以太网标准。

1986 年：IEEE 802.3 工作组发布 10BASE-2 “细缆”以太网标准。

1991 年：IEEE 802.3 工作组发布 10BASE-T “无屏蔽双绞线（UTP）”以太网标准。

1995 年：IEEE 通过 802.3u100Mbit/s 以太网标准。

1998 年：IEEE 通过 802.3z1000Mbit/s 以太网标准（基于光纤和对称屏蔽铜缆）

1999 年：IEEE 通过 802.3ab1000Mbit/s 以太网标准（基于五类双绞线）

2002 年：IEEE 通过 802.3ae10Gbit/s 以太网标准。

2010 年：IEEE 通过 802.3ba40Gbit/s/100Gbit/s 以太网标准。

2017 年：IEEE 通过 802.3bs 200Gbit/s/400Gbit/s 以太网标准。

100Mbit/s 以太网即快速以太网（FE，Fast Ethernet），在数据链路层上与 10Mbit/s 以太网没有区别，仅在物理层上提高了传输速率。1000Mbit/s 以太网即吉比特以太网（GE，Gigabit Ethernet）。FE 和 GE 均支持半双工和双工两种工作模式，因此支持自协商。

自协商的主要功能就是使物理链路两端的设备通过交互信息自动选择同样的工作参数：双工模式、运行速率以及流控等。一旦协商通过，链路两端的设备就锁定在同样的双工模式和运行速率。例如，A 设备与 B 设备直连，如果 A 设备的端口强制工作在 100Mbit/s、半双工，则 B 设备的 FE/GE 端口的速率和双工模式都配置为自协商，B 设备通过自协商机制最终确定的工作参数为：100Mbit/s、半双工。

随着以太网的发展，半双工的网卡或设备基本消失。因此，IEEE 标准要求 10GE 及以上速率的以太网端口只支持全双工。

不同速率的以太网的物理层标准一般以 *m*Base-n 的格式表示，例如 100BASE-TX、1000BASE-LX。*m* 的取值代表运行速率，BASE 指传输的信号是基带信号，后面的 n 表示线缆类型。

同轴电缆的致命缺陷是电缆上的设备是串联的，单点故障即会导致整个网络崩溃。因此，随着对以太网端口的速率及组网性能的需求的增加，双绞线和光纤逐渐成为主要的以太网介质。在 5G 承载网中，以太网接口速率为 10GE 及以上，使用光纤作为介质。

3.1.3 以太网帧的结构

在 TCP/IP 体系架构中，目前最常用的以太网数据帧封装格式是 RFC 894 定义的，通常称为 Ethernet_ Ⅱ（以太网第二版）帧格式。因此，本书主要介绍 Ethernet_ Ⅱ的帧结构（如图 3-8 所示）。

Ethernet_Ⅱ帧结构

6 字节	6 字节	2 字节	46～1500 字节	4 字节
目的地址（DMAC）	源地址（SMAC）	类型（Type）	数据区（Data）	帧校验（FCS）

图3-8　Ethernet_II标准的以太网帧结构

各字段的含义如下。

（1）DMAC：目的 MAC 地址，确定帧的接收者，占 6 字节。

（2）SMAC：源 MAC 地址，标识发送帧的发送者，占 6 字节。

（3）TYPE：类型，标识数据字段中包含的高层协议，占 2 字节。该字段告诉接收设备如何解读 Data 字段。在解读的时候，该字段一般被转换为十六进制。例如，当取值为 0800（十六机制）时，Data 字段装的 IP 报文；当取值为 0806（十六机制）时，Data 字段装的 ARP 报文。

（4）Data：数据字段，最小长度必须为 46 字节，以保证帧长至少为 64 字节。如果长度小于 46 字节，该字段必须被填充到 46 字节。这意味着传输 1 字节信息，数据字段的长度实际为 46 字节。

（5）FCS：帧校验序列字段，在有些文献中又为循环冗余校验（CRC，Cyclic Redundancy Check）字段。FCS/CRC 提供了一种错误检测机制，每一个发送器都计算一个包括了地址字段、类型字段和数据字段的 CRC 码，然后将计算出的 CRC 码填入 4 字节的 FCS/CRC 字段。CRC 的检错、纠错能力非常强。在接收端，CRC 能根据 FCS/CRC 字段检验出整个以太网帧在传输过程中是否受到链路质量、光模块性能等因素的影响，判断是否出现误码以及误码的程度。因此，在承载网设备的告警类型中，有以太网接口的 CRC-Error 告警。

DMAC、SMAC、TYPE 组成以太网帧的帧头，FCS 作为以太网帧的帧尾，帧头和帧尾加起来共 18 字节，因此 Data 字段的最小长度为 46 字节时，最小帧长为 64 字节。

最大传输单元（MTU）是数据链路层帧格式中的 Data 字段的最大长度。当一个 IP 包封装成数据帧时，此 IP 包的总长度一定不能超过 MTU，一般取值为 1500 字节。当 MTU 为 1500 字节时，帧的长度为 1518 字节。以太网接口只能处理长度在一定范围内的帧，如果对端接口发送的帧长超过本端接口配置的 MTU 值，接口将对报文进行分片。长度超过 1518 字节的帧被定义为 Jumbo Frame（超长帧）。

在以太网帧结构中，最重要的字段是 MAC 地址。MAC 地址是物理地址，用来唯一标识某个设备的以太网接口。MAC 地址有 48Bit，但通常被表示为十六进制数。例如，某个 48Bit 的 MAC 地址 000000000001101001001010100000010000001010110011，表示为十六进制就是 00：1A：4A：81：02：B3。MAC 地址由 IEEE 管理，以块为单位进行分配。一个组织（一般是制造商）从 IEEE 获得唯一的地址块，称为一个组织的组织唯一标识符（OUI，Organizationally Unique Identifier）。00：1A：4A 即为 OUI，代表网络硬件制造商的编号，后 3 个字节 81:02:B3，是制造商自己定义的，用于区分不同的产品。MAC 地址和我们的身份证号类似，具有唯一性，即每一台设备或接口的 MAC 地址都是不一样的。

MAC 地址分为以下几类。

（1）单播 MAC 地址，唯一标识以太网上的一个终端，MAC 地址固化在硬件（如网卡）里。主机或路由器的接口 MAC 地址均为单播 MAC 地址。目的 MAC 为单播 MAC 的数据帧为单播帧。

（2）广播 MAC 地址，用来标识网络上的所有终端设备。广播 MAC 地址的 48 个 Bit 全是 1，如 FF-FF-FF-FF-FF-FF。ARP 请求消息的目的 MAC 地址为广播地址。目的 MAC 为广播 MAC 的数据帧为广播帧。

（3）多播 MAC 地址，用于代表网络上的一组以太网接口。多播 MAC 地址的第 8 个比特是 1，例如，000000010001101001001010100000010000001010110011。多播 MAC 地址应用于多播业务流的目的 MAC 地址或某些协议的目的 MAC 地址。目的 MAC 为多播 MAC 的数据帧为多播帧。

3.1.4 以太网的交换原理

交换机的内部采用交换矩阵的架构，而且端口所连的传输介质使用双绞线或光纤，两者均有独立的线芯，区分收、发两个方向，因此，交换机将冲突域范围缩小到每个端口，即解决了冲突域的问题。

业界的以太网交换机分为二层交换机和三层交换机，本书仅介绍二层交换机。

交换机工作在数据链路层，解析数据帧中的目的 MAC、查 MAC 地址表、转发数据帧。MAC 地址表记录 MAC 地址与端口的对应关系，该对应关系意味着从某个端口能到达某个 MAC 地址。交换机开始加电时，MAC 地址表为空，但随着所连主机或设备之间的数据交互，MAC 地址表内的条目将会自动增加。因此，交换机是即插即用的，即无须人工配置，交换机就能自动完成数据帧的转发任务。

如图 3-9 所示，交换机接收到数据帧后，须解封装到数据链路层，读取以太网头部的 MAC 地址，但交换机并不删除或改变 MAC 地址。

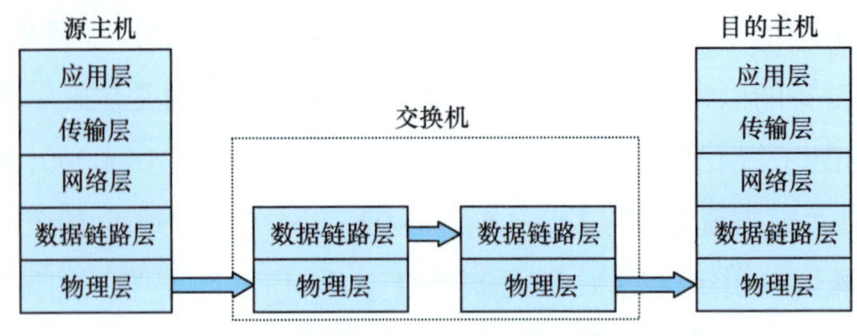

图3-9　交换机的封装和解封装

以图 3-10 为例，主机 A 要给主机 D 发送数据帧（单播帧），交换机的工作过程如下。

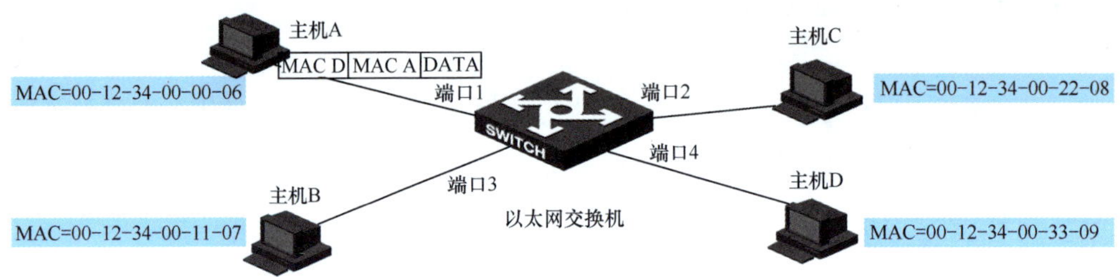

图3-10　以太网交换机的数据帧转发

（1）主机 A 将数据帧发送给交换机，交换机接收数据帧，学习源 MAC 地址，建立源 MAC 与入端口的关系，并初始化老化时间。老化时间从 5min（默认的）开始倒计时，当倒计时到 0 时，删除该条目。老化时间是动态变化的数值，所以在图 3-11 中不给出具体数值，仅用“××××”表示。

MAC地址表

MAC	端口	老化时间
00-12-34-00-00-06	1	××××

图3-11　MAC地址表（1）

（2）交换机在 MAC 地址表中查找目的 MAC（MAC D），无匹配的条目，因此按广播方式将数据帧转发至所有端口（入端口除外）。

（3）只有主机 D 回应主机 A，主机 D 将数据帧发送给交换机。交换机接收数据帧，学习源 MAC 地址，建立 MAC 地址表项，如图 3-12 所示。

MAC地址表

MAC	端口	老化时间
00-12-34-00-00-06	1	××××
00-12-34-00-33-09	4	××××

图3-12　MAC地址表（2）

（4）交换机在 MAC 地址表中查找目的 MAC（MAC A），有匹配的条目，按单播方式从端口 1 转发出数据帧。

（5）此后，主机 A 继续给主机 D 发送数据帧（单播帧）。主机 A 再次将数据帧发送给交换机。交换机接收数据帧，学习源 MAC 地址，刷新 MAC A 这条记录的老化时间，重新开始倒计时。交换机在 MAC 地址表中查找目的 MAC（MAC D），有匹配项，从端口 4 转发出数据帧。

总结一下，交换机学习源 MAC 地址以建立 MAC 地址表，并利用老化机制维护 MAC 地址表，并基于目的 MAC 地址转发。

交换机为什么要学习源 MAC 地址来建立 MAC 地址表？因为如果从主机 x 发出的帧从接口 y 进入了交换机，则从这个接口出发，沿相反方向一定可以把数据帧发送到主机 x。

单播、多播、广播帧的转发方式总结如下。

（1）对于单播帧，如果 MAC 地址表中有目的 MAC 的对应条目，就应从对应的端口转发出数据帧。如果找不到对应的端口，就向所有端口（不包括入端口）转发该帧。

（2）对于广播帧和多播帧，向所有端口（不包括入端口）转发该帧。

由此可见，虽然以太网交换机彻底解决了以太网的冲突问题，但是因为广播转发方式的存在，交换机的所有端口依然属于同一个广播域。

3.1.5 以太网链路聚合

随着网络规模的不断扩大，用户对链路的带宽和可靠性需求逐渐增加。如果更换更高速率的业务单盘或者设备，不但工程实施的方案较复杂，而且成本高，于是诞生了链路聚合（Link Aggregation）技术。链路聚合又称为端口聚合、链路捆绑。在不升级硬件设备的前提下，链路聚合技术通过将多个物理端口捆绑为一个逻辑接口，达到提高链路带宽的目的，同时提供备份链路来满足用户对链路可靠性的需求。

将两个设备之间的多条物理链路捆绑到一起，形成一条新的逻辑链路，这条逻辑链路被称为链路聚合组（LAG，Link Aggregation Group），该逻辑链路的带宽等于被聚合的链路的带宽之和。在以太网中，链路实际是和端口一一对应的，因此，每个 LAG 对应一个逻辑接口，这个逻辑接口被称为 LAG 接口，被聚合的链路，称为成员接口。

链路聚合分为两大类——负载分担和非负载分担。每种类型又都可以分为两种模式——手动模式和 LACP（链路聚合控制协议）模式。非负载分担类型的链路聚合仅适用于两端设备之间有两条链路的场景，两条链路分别为主用和备用链路，正常情况下流量只存在于主用链路，当主用链路失效时，就会倒换到备用链路上。而大多数场景下，设备两端之间的链路数量不止两条，更适合使用负载分担模式。

常用的聚合模式有手工聚合和静态聚合两种。

（1）手工聚合。LAG 接口的建立、成员接口的加入，以及哪些接口作为活动接口完全通过手工来配置，没有链路聚合控制协议的参与。

（2）静态聚合。LAG 接口的建立、成员接口的加入，都是通过手工配置完成的。但与手工聚合模式不同的是，该模式下活动接口的选择由链路聚合控制协议（LACP，Link Aggregation Control Protocol）报文负责。也就是说，当把一组接口加入 LAG 接口后，这些成员接口中哪些接口作为活动接口，哪些接口作为非活动接口还需要经过 LACP 报文协商确定。两端设备互相发送 LACP 报文，根据系统优先级和系统 ID 确定主动端，根据主动端接口优先级确定活动接口（承载业务的接口）。因为不完全依靠单端的配置，所以对聚合的控制更加准确和有效。

对于每一种聚合模式，业务分担方式有负载分担和非负载分担两种方式。

（1）负载分担。LAG 的各成员链路可以同时承载业务流量。发送端设备采用 Hash（散列）算法，根据报文的某些特征值（如源 MAC、目的 MAC、源 IP、目的 IP 等）将报文分发到聚合组的各链路上。 当 LAG 成员发生改变或者部分链路失效时，发送端会自动进行流量的重新分配。通过负载分担的链路聚合可以得到更大的带宽。

（2）非负载分担。LAG 内有两个成员，一个处于 Selected（被选择）状态，作为活动链路承载业务流量；另外一个处于 Standby（备份）状态，作为非活动链路处于空闲状态。当 LAG 中的活动链路失效时，Standby 状态的链路被激活，用于承载业务流量。通过负载分担的链路聚合可以实现链路的 1：1 保护。

路由器、交换机、5G 承载网设备均支持链路聚合技术。在现网应用中，常见的组合方式为手动负载分担、LACP 负载分担，如图 3-13 所示。

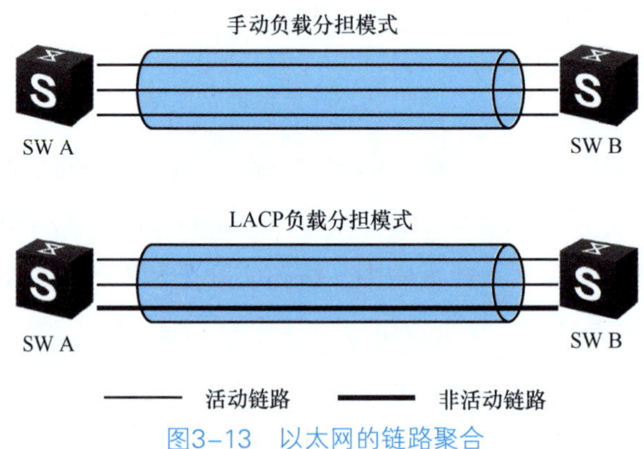

图3-13　以太网的链路聚合

不同形态设备的以太网接口对接也可以配置 LAG。例如，5G 承载网核心层设备与 IP 骨干网或核心网设备对接时，通过多条 10GE 或 100GE 链路形成 LAG 以增加传输带宽，并推荐采用 LACP 静态负载分担模式。

任务习题

1. 交换机工作在 TCP/IP 五层模型的哪个层（ ）。

   A. 物理层　　B. 数据链路层

   C. 网络层　　D. 传输层

2. 交换机根据（ ）地址建立和维护 MAC 地址表。

   A. 源 IP　　B. 目的 IP

   C. 源 MAC　　D. 目的 MAC

3.1.6 实训单元——以太网链路聚合配置

掌握以太网链路聚合的配置方法。

实训内容

在两端设备之间完成以太网链路聚合的配置，并验证配置的正确性。

实训准备

1. 实训环境准备

   （1）硬件：具备登录实训系统仿真软件的计算机终端。

   （2）软件：实训系统仿真软件 / 承载网设备网络管理软件 /Secure CRT 软件。

2. 相关知识点要求

   （1）5G 承载网的网元板卡、连接光纤的配置规则。

   （2）以太网链路聚合的技术原理。

实训步骤

1. 根据实验拓扑要求，配置网元、连线。
2. 在两端设备之间配置以太网链路聚合。
3. 检查配置的正确性。

正确选择以太网链路聚合的成员口，成功新建 LAG 接口。

实训小结

实训中的问题：______________________________

____

____

问题分析：______________________________

____

____

问题解决方案：______________________________

____

____

配置以太网链路聚合时，是否可以只有一个成员接口？

任务 2 虚拟局域网（VLAN）技术

【任务前言】

在以太网的发展过程中，我们为什么要引入 VLAN 技术呢？基于 VLAN 的以太网数据帧转发又是如何进行的呢？带着这样的问题，我们进入本任务的学习。

【任务描述】

本任务主要介绍 VLAN 技术的产生原因和相关转发原理，并让学员掌握承载网设备的 VLAN 配置方法。

【任务目标】

- 掌握 VLAN 技术的产生原因和定义。
- 掌握 VLAN 的帧结构。
- 掌握 VLAN 的转发原理和配置方法。

知识储备

3.2.1 VLAN 的作用

交换机对网络中的广播数据流量不进行任何限制，这影响了网络的性能。在多台交换机的级联组网场景中，如果存在被广播帧，该广播帧会被一台又一台交换机复制多份再转发。因此，网络中的广播帧越来越多，不仅严重消耗网络带宽，甚至会导致交换机瘫痪，造成交换机无法正常转发单播帧，这就是广播风暴。广播风暴产生的原因多种多样，如网络病毒、交换机端口故障、网卡故障、网络环路等。

对于无法在 MAC 表匹配目的 MAC 的单播帧，交换机也会将数据复制多份，向除入端口以外的端口转发。因此，交换机虽然是即插即用的，但是其组网有两个缺陷：广播泛滥和无安全性。

解决广播泛滥问题的主要思想是将没有互访需求的主机隔离开，把一个大的广播域划分成几个小的广播域，于是虚拟局域网（VLAN，Virtual Local Area Network）技术应运而生。

IEEE 于 1999 年发布了支持 VLAN 技术的 IEEE 802.1Q 协议标准草案。VLAN 的作用是将物理上互联的网络在逻辑上划分为多个互不相干的网络，这些网络之间是无法进行通信的，因此，广播帧也就隔离开了。通过在交换机上配置 VLAN，可以实现同一个 VLAN 的用户可以通信，不同 VLAN 的用户不能通信。一个 VLAN 就是一个广播域。如果两个 VLAN 之间有较少的访问需求，则需要使用 L3 交换机或路由器。

在图 3-14 中，一个写字楼被租给不同的小公司。3 台交换机放置在不同的楼层，并通过一台机房交换机级联成一个局域网。每台楼层的交换机分别连接多台主机，它们分别属于 3 个不同的公司。为了隔离不同公司之间的通信，并允许相同公司主机之间进行通信，给该网络划分 VLAN，使相同公司的主机属于同一个 VLAN。例如，A 公司的主机属于 VLAN 10，B 公司的主机属于 VLAN 20，C 公司的主机属于 VLAN 30。采用 VLAN 可以实现各公司共享局域网设施，避免不必要的网络硬件投资和维护成本，同时保证各自的网络信息安全。

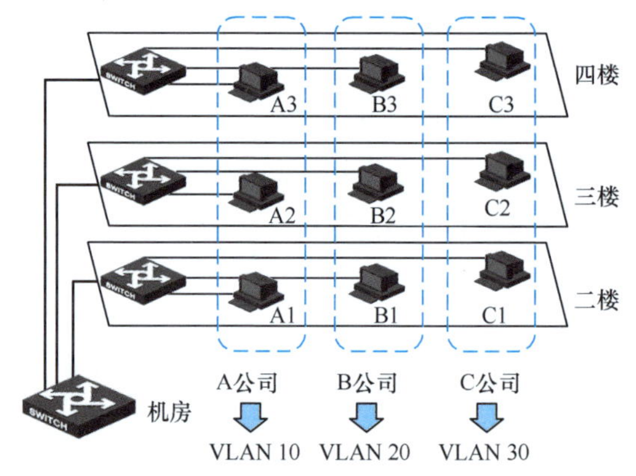

图3-14　3个虚拟局域网VLAN 10、VLAN 20和VLAN 30

因此，VLAN 技术的主要优点如下。

（1）限制广播包，提高带宽的利用率。VLAN 技术有效地解决了广播风暴带来的性能下降问题。一个 VLAN 形成一个小的广播域。当一个数据帧在 MAC 地址表中没有匹配的条目时，交换机只会将此数据帧发送到所有属于该 VLAN 的其他端口，而不是交换机的全部端口，这样，就将数据帧限制到了一个 VLAN 内，这在一定程度上可以节省带宽。

（2）提升通信的安全性。一个 VLAN 的数据帧不会发送到另一个 VLAN，这样，其他 VLAN 用户的网络收不到任何该 VLAN 的数据帧，确保了该 VLAN 的信息不会被其他 VLAN 的用户窃听，从而实现了信息保密。

最常用的 VLAN 划分方法是基于端口来划分，即把交换机的各个端口按照需要划分到不同的 VLAN。如图 3-15 所示，Port 1 和 Port 7 所连的主机属于 VLAN 5，只要将 Port 1 和 Port 7 配置到 VLAN 5 即可。

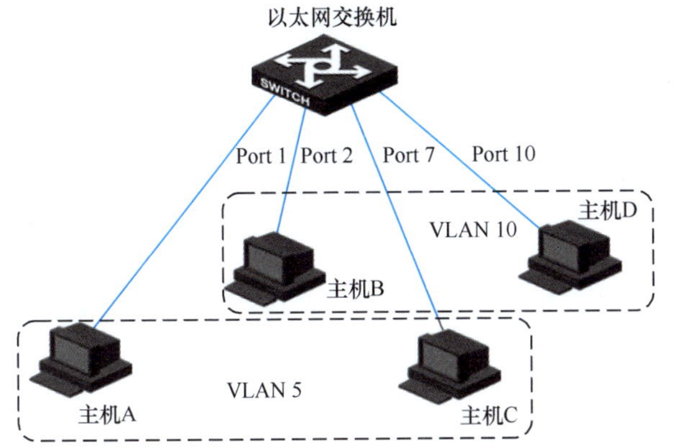

VLAN配置结果

端口	所属VLAN
Port 1	VLAN 5
Port 2	VLAN 10
···	···
Port 7	VLAN 5
···	···
Port 10	VLAN 10

图3-15　基于端口划分VLAN

这种划分方法的优点是：定义 VLAN 成员时非常简单，只要指定所有端口即可。它的缺点是：如果 VLAN 5 的某个用户离开了原来的端口，到同一个交换机的另外一个端口，那么必须重新定义新端口属于哪个 VLAN。

所有 VLAN 成员不用局限在一个物理范围之内，VLAN 的划分可以跨越多个交换机。

如图 3-16 所示，VLAN 10 和 VLAN 20 的用户分布在由两台交换机组成的局域网里。交换机 A 和交换机 B 不但要区分出 VLAN 10 和 VLAN 20 用户的数据帧，而且两个交换机的互连链路要允许 VLAN 10 和 VLAN 20 的帧通过。这种跨设备的 VLAN 成员互联的组网，必然涉及不同 VLAN 流量怎么识别的问题。如果还用原来的以太网帧格式，就无法区分 VLAN 用户。

如果给数据帧加上 VLAN 信息，标识报文所属的 VLAN，交换机通过对报文中 VLAN 信息进行识别，就能进行正确的转发。

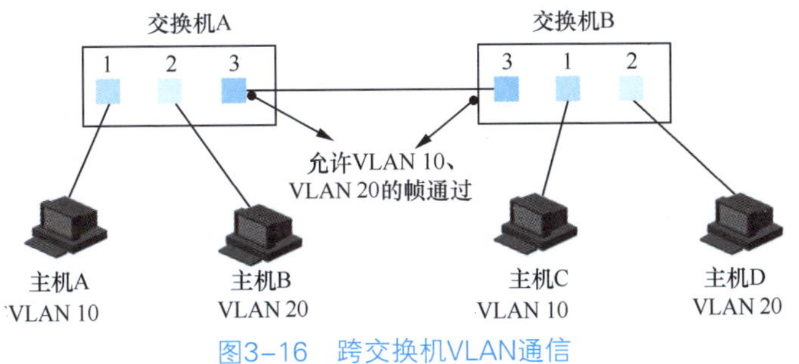

图3-16　跨交换机VLAN通信

3.2.2　VLAN 的帧结构

IEEE 802.1Q 标准对 Ethernet 帧格式进行了修改，在源 MAC 地址字段和 Type

字段之间加入 4 字节的 802.1Q Tag，如图 3-17 所示。

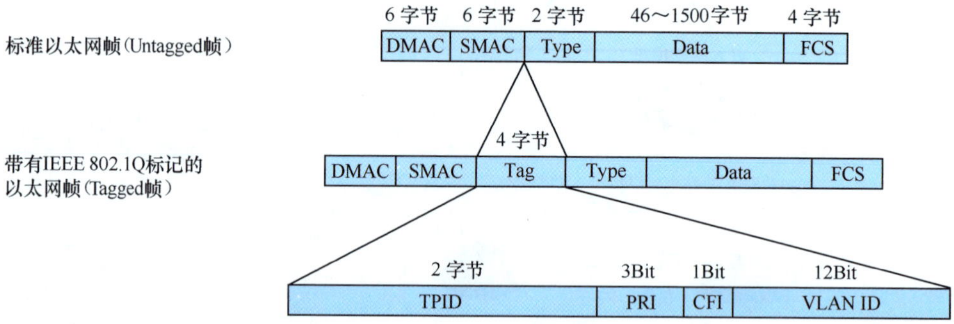

图3-17 VLAN的帧结构

802.1Q Tag 各字段的含义如下。

（1）TPID：802.1Q 标记类型，表明这是一个加了 802.1Q 标签的帧。占 2 字节，一般取值为 0x8100，表示接收到的是 802.1Q Tag 帧。如果不支持 VLAN 的设备接收到这样的帧，则会将其丢弃。

（2）Priority：简称 PRI，占 3Bit，标识帧的优先级。一共有 8 种优先级：0 ～ 7，值越大优先级越高。用于当交换机阻塞时，优先发送优先级高的数据帧。

（3）CFI：帧值为 0，说明是规范格式；帧值为 1，说明是非规范格式。该字段用于区分以太网帧、FDDI（光纤分布式数据接口）帧和令牌环网帧。在以太网帧中，CFI 取值为 0。

（4）VLAN ID：占 12Bit，取值从 0 到 4095，共 4096 个。VLAN 0 和 VLAN 4095 保留，VLAN 1 是交换机的默认 VLAN。每个支持 802.1Q 协议的交换机发送的数据帧都会包含这个域，以指明自己属于哪一个 VLAN。

在交换网络环境中，以太网的帧有两种格式：有些帧没有 Tag，称为未标记的帧（Untagged Frame）；有些帧有 Tag，称为带有标记的帧（Tagged Frame）。

在交换机的内部，报文都是 Tagged Frame。交换机上一般会配置多个 VLAN，不同 VLAN 流量区分必须依靠 VLAN Tag。当未配置 VLAN 时，交换机之所以能够即插即用完成主机之间的数据转发，是因为交换机的所有端口均默认属于 VLAN 1，相当于所有端口在 VLAN 1 的广播域。

主机发给交换机的帧为 Untagged Frame，如图 3-18 所示，主机 A 给主机 B 发送数据。主机 A 发送给交换机的是 Untagged Frame，交换机接收后，会根据接收端口所属的 VLAN ID（VLAN 10）给数据帧加上含 VLAN 10 的 Tag，然后在 VLAN 10 的广播域中查找 MAC 地址表，是否有目的 MAC（MAC B）对应的条目，如果查不到，则会从所有属于 VLAN 10 的端口转发出数据帧（除入端口外）；如果能查到，则向对应的出端口转发数据帧。

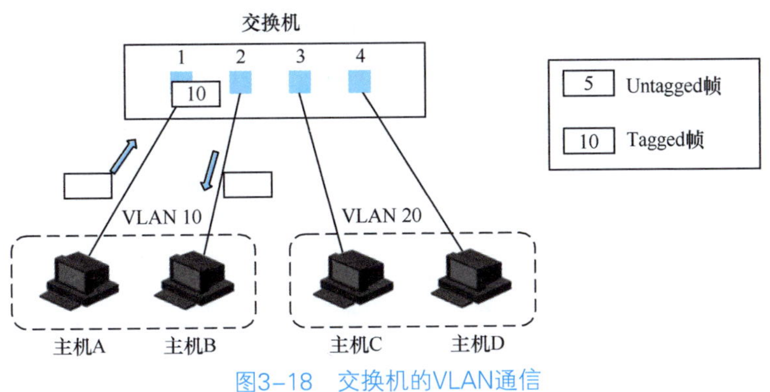

图3-18　交换机的VLAN通信

3.2.3　承载网中的 VLAN 应用

VLAN 的应用十分广泛。在校园网、企业网等场景中，通过多交换机级联并配置 VLAN 技术，既能实现用户设备的灵活接入，又能按需实现用户设备之间的通信互通或隔离。在家庭宽带的应用场景中，通过在光网络单元（ONU，Optical Network Unit）、光线路终端（OLT，Optical Line Terminal）上配置 VLAN，实现用户之间或业务之间的隔离。

5G 承载网设备工作于网络层，在转发数据进行查表的过程中，并不像交换机一样依赖目的 MAC 地址和 VLAN 信息。在 5G 承载网中，用 VLAN 将设备的一个物理以太网接口虚拟出多个逻辑接口，这些逻辑接口被称为 VLAN 子接口。

图 3-19 展示了 VLAN 子接口的工作原理。设备 A 和设备 B 通过一条物理链路相连，但是这条链路上有两种业务流量：业务 1 和业务 2。在设备 A 的 GE0/1 接口上，需要将两种业务隔离开，并且为其配置不同网段的 IP 地址。定义 GE0/1.10 的 VLAN 子接口为业务 1 服务，设备 A 向设备 B 发送业务 1 的流量，会打上 VLAN 10 的 Tag。定义 GE0/1.20 的 VLAN 子接口为业务 2 服务，设备 A 向设备 B 发送业务 2 的流量，会打上 VLAN 20 的 Tag。设备 B 收到数据后，解封装到数据链路层，如果 VLAN Tag 中的 VLAN ID=10，则用 GE0/1.10 接口处理业务流；如果 VLAN Tag 中的 VLAN ID =20，则用 GE0/1.20 接口处理业务流。

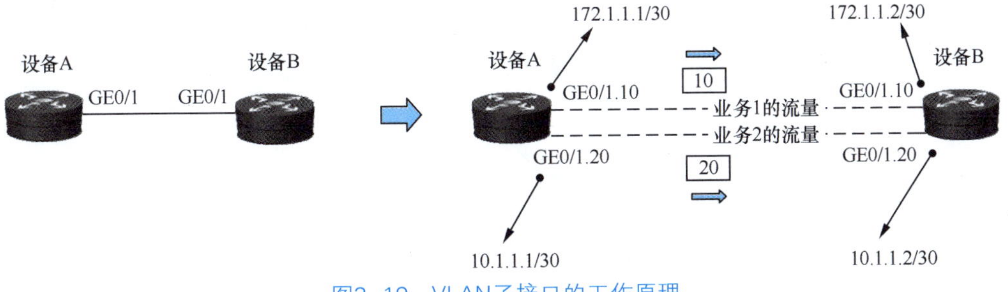

图3-19　VLAN子接口的工作原理

在 5G 承载网中，VLAN 子接口主要应用于以下两个方面。

（1）承载网设备之间通过 VLAN ID=4093 的子接口发送或接收网管业务流，以隔离 5G 业务流量、动态协议报文。

如图 3-20 所示，用 GE0/1（主接口）承载 5G 业务流，用 GE0/1.4093（VLAN 子接口）承载网管报文。

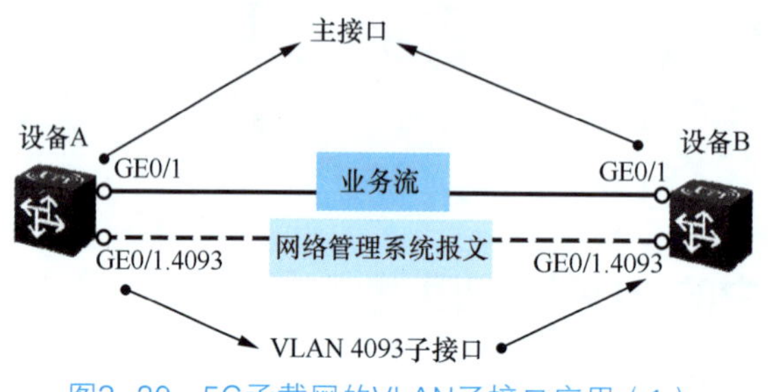

图3-20　5G承载网的VLAN子接口应用（1）

（2）承载网核心层设备与骨干网或核心网之间通过 VLAN 子接口区分多种业务流量。

如图 3-21 所示，N2 为基站与 AMF 之间的逻辑接口，N3 为基站与 UPF 之间的逻辑接口，N9 为 UPF 与 UPF 之间的逻辑接口，N4 为 UPF 到 SMF 之间的逻辑接口。在承载网核心层与本地数据中心 UPF 的互联接口上，通过定义不同的 VLAN 子接口区分 N3 和 N9 的流量；在核心层与骨干网的边缘设备的互联接口上，通过定义不同的 VLAN 子接口区分 N2 和 N4 的流量。

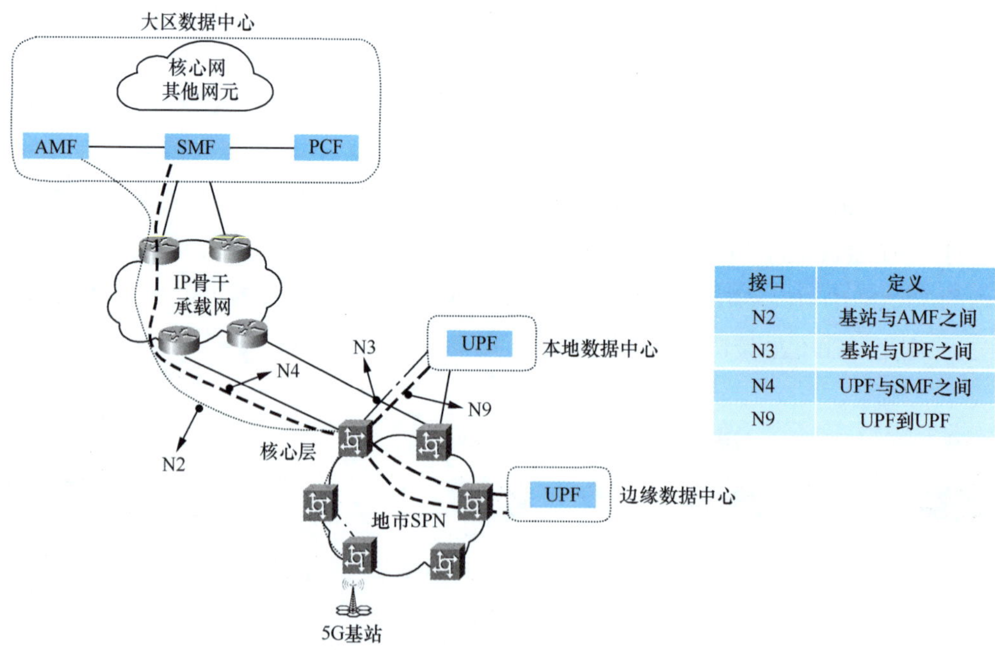

接口	定义
N2	基站与AMF之间
N3	基站与UPF之间
N4	UPF与SMF之间
N9	UPF到UPF

图3-21　5G承载网的VLAN子接口应用（2）

任务习题

1. 一个 VLAN 是一个（　　）。

   A. 路由域　　　　B. 广播域

   C. 逻辑域　　　　D. 冲突域

2. 在 VLAN Tag 中，VLAN ID 占（　　）比特。

   A. 4　　　　B. 8

   C. 12　　　　D. 20

3.2.4 实训单元——VLAN 子接口配置

掌握 VLAN 子接口的配置方法。

实训内容

1. 搭建实验拓扑环境。
2. 配置设备的 VLAN 子接口。

实训准备

1. 实训环境准备

   （1）硬件：具备登录实训系统仿真软件的计算机终端。

   （2）软件：实训系统仿真软件 / 承载网设备网管软件 /Secure CRT 软件。

2. 相关知识点要求

   （1）5G 承载网的网元板卡、连纤的配置规则。

   （2）VLAN 子接口的定义和作用。

实训步骤

1. 根据实验拓扑要求，配置网元、连线。
2. 在设备的 VLAN 子接口上配置 VLAN ID 和 IP。
3. 通过 Ping 命令测试设备之间的 VLAN 子接口 IP 通信是否正常。

VLAN ID 配置正确，设备之间的 VLAN 子接口 IP 可以互相 Ping 通。

实训小结

实训中的问题：____

____

____

问题分析：____

____

____

问题解决方案：____

____

____

思考与拓展

如果需要在两个承载网设备之间配置 3 个互连网段，有几种实现方法？

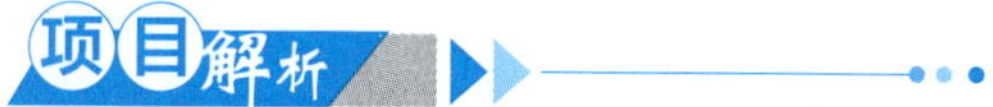

项目 4 5G 承载网中的 IP 路由技术

项目简介

本项目内容包括 IP 基础知识和 IP 路由基础。通过学习本项目，学员可以根据相关技术原理部署 5G 承载网需要使用的静态路由，为后续的网络部署工作奠定坚实的基础。

项目目标

- 能够掌握 IP 地址和子网划分的基础知识。
- 能够掌握使用 DHCP 为基站分配 IP 地址的方法。
- 能够掌握 IP 路由分类及路由表各字段含义。

项目导图

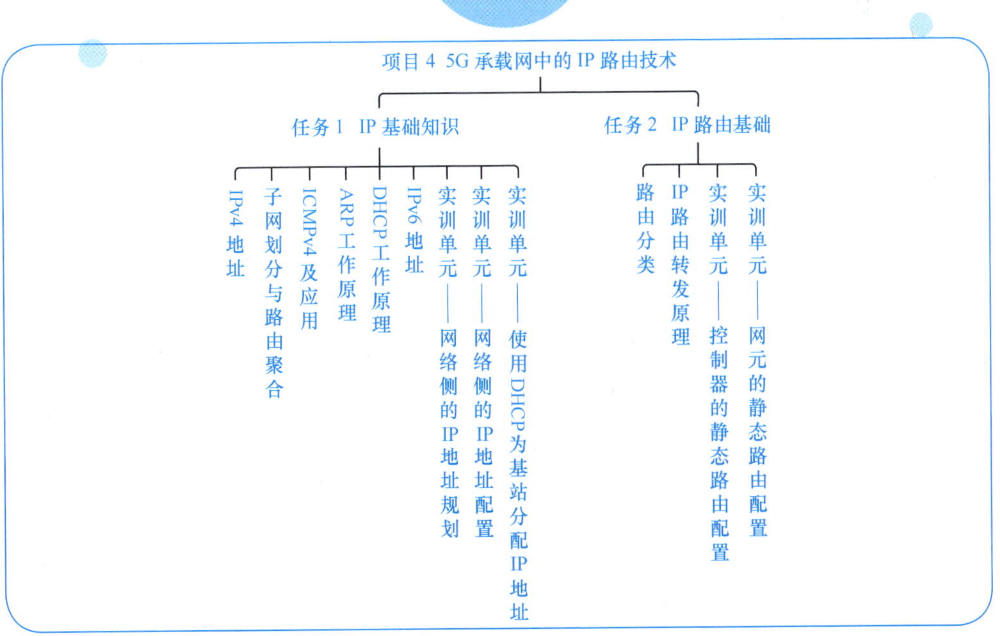

任务 1 IP 基础知识

【任务前言】

在 TCP/IP 模型中，网络层最重要的功能就是寻址和路由，进而提供数据分组的转发服务，其中寻址和路由是基于 IP 地址的。IP 地址是什么，分为几类，有哪些表示方法？在具体的网络中，如何使用和分配 IP 呢？子网又是什么，如何将一个大的网络划分成若干个小网络？带着这样的问题，我们进入本任务的学习。

【任务描述】

本任务主要介绍 IPv4 地址基础知识、子网划分及路由聚合的基本概念、ICMPv4 协议的典型应用和 DHCP 的工作原理，使学员对 IP 相关的基础知识有基本的认识，为 5G 承载网的部署和维护打下坚实的基础。

【任务目标】

- 能够掌握 IP 的基础知识。
- 能够完成 IP 的子网划分和路由聚合。
- 能够使用 DHCP 为基站分配 IP 地址。

知识储备

4.1.1 IPv4 地址

对于不同网络之间的互联通信，我们通常使用网络层地址——IP 地址来通信，以提供更高的灵活性。

1 IPv4 地址表示方式

IPv4 地址是由 4 字节、32 位组成的，可使用下面 3 种方法描述，常用的是“点分十进制”表示法。

（1）点分十进制，如 172.16.30.56。

（2）二进制，如 10101100.00010000.00011110.001110000。

（3）十六进制，如 AC.10.1E.38。

2 IPv4 地址层次化

RFC 791 规范中规定了 IP 地址的结构，即一个 IP 地址包括网络部分与主机部分。

网络部分被称为网络地址，网络地址用于标识一个网段，同一网段中的网络设备有相同的网络地址。主机部分被称为主机地址，主机地址用于标识同一网段内的不同网络设备。例如，在 IP 地址 172.16.30.56/16 中，网络部分为 172.16，主机部分为 30.56。

3 IP 地址的分类

根据网络规模大小，我们把 IP 地址分为 A、B、C、D、E 五类，如图 4-1 所示，即将 IP 地址空间分解为数量有限的特大型网络（A 类）、数量较多的中等网络（B 类）和数量非常多的小型网络（C 类），以及特殊的地址类，包括 D 类（用于多播传送）和 E 类（保留用于试验或研究）。我们将按照这种方式划分的 IP 地址称为有类 IP 地址。

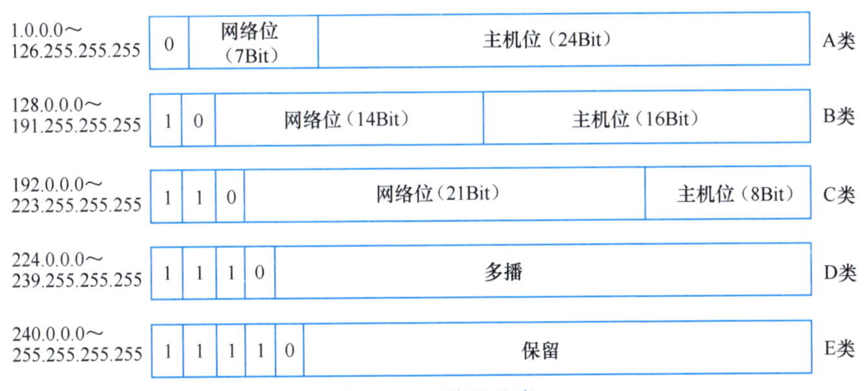

图4-1 IP地址分类

（1）私有 IP 地址空间

IP 编址方案中还规定了私有 IP 地址。这些地址可用于私有网络，只在内部网络中使用，不可直接与公网中的 IP 地址通信。设计私有地址的目的旨在提供一种有效的安全措施，也可节省宝贵的公有 IP 地址空间。

保留的私有 IP 地址空间如下。

① A 类：10.0.0.0 ～ 10.255.255.255。

② B 类：172.16.0.0 ～ 172.31.255.255。

③ C 类：192.168.0.0 ～ 192.168.255.255。

（2）特殊 IP 地址

IP 地址用于唯一标识一台网络设备，但一些特殊的 IP 地址有特殊的用途，不能用于标识网络设备，如表 4-1 所示。

表 4-1　特殊 IP 地址

网络部分	主机部分	地址类型	用途
任意	全“0”	网络地址	代表一个网段
任意	全“1”	广播地址	特定网段的所有节点
127	任意	环回地址	环回测试
全“0”		所有网络	代表默认路由
全“1”		广播地址	本网络内的所有节点

主机部分全为“0”的 IP 地址，称为网络地址，用来标识一个网段。例如，A 类地址 1.0.0.0、私有地址 10.0.0.0、192.168.1.0 等。

主机部分全为“1”的 IP 地址，称为该网段的广播地址，用于标识一个网络的所有主机。例如，10.255.255.255、192.167.1.255 等。广播地址用于向本网段的所有节点发送数据分组。

网络部分为 127 的 IP 地址，例如 127.0.0.1，主要用于环路测试。

全“0”的 IP 地址 0.0.0.0 代表所有主机，在路由器上用 0.0.0.0 地址表示默认路由。

全“1”的 IP 地址 255.255.255.255，也是广播地址，但 255.255.255.255 代表所有主机，用于向网络的所有节点发送数据分组，路由器不转发目的地址为广播地址的数据分组。

（3）计算某网段内可用 IP 地址数量

从前面的介绍我们可知，每一个网段会有一些 IP 地址不能用作主机 IP 地址，是作为特殊用途的保留地址。接下来，让我们来计算某个网段内可用的 IP 地址。

B 类地址的网段为 172.16.0.0，有 16 个主机位，因此有 2^{16} 个 IP 地址，网络地址 172.16.0.0 和广播地址 172.16.255.255 不能用来标识主机，那么共有 $2^{16}-2$ 个可用地址（一般称为主机地址），如图 4-2 所示。

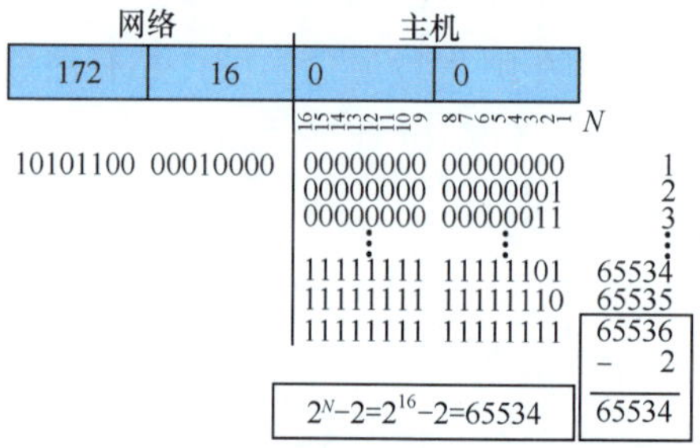

图4-2　可用主机地址数量计算

C 类地址网段 192.168.1.0 有 8 个主机位，共有 $2^8=256$ 个 IP 地址，除去网络地址 192.168.1.0 及广播地址 192.168.1.255，共有 254（256–2）个可用主机地址。

因此，我们可以这样计算每一个网段的主机地址数量：假定这个网段的主机部分位数为 n，那么可用的主机地址个数为 2^n-2。

4 IP 路由方式

（1）单播

单播是指目的地址为单一目标的一种传输方式，即用单播可将数据分组传输到特定主机，如图 4-3 所示。单播属于“一对一”的传输方式，是现如今网络应用最为广泛的数据传输方式。

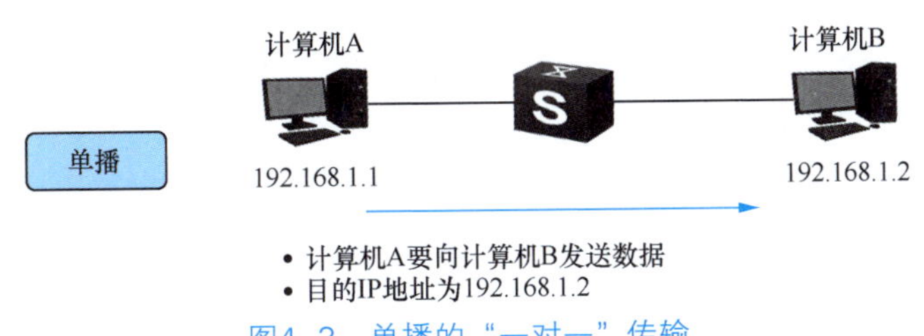

图4-3 单播的“一对一”传输

（2）广播

广播分为二层（数据链路层或 MAC 层）广播和三层（IP 层）广播，这里指的是三层。广播将数据分组发送给广播域中所有主机，其目标地址的主机位都为 1。如图 4-4 所示，对于网络地址 192.168.1.0，其广播地址为 192.168.1.255（所有主机位都为 1）。广播是一种将数据分组发送给广播域中所有主机的转发方式，广播包的目的 IP 地址的主机位数都为 1，例如 255.255.255.255。广播的应用非常广泛，比如 ARP 发送广播报文查找子网内某 IP 对应的 MAC 地址。

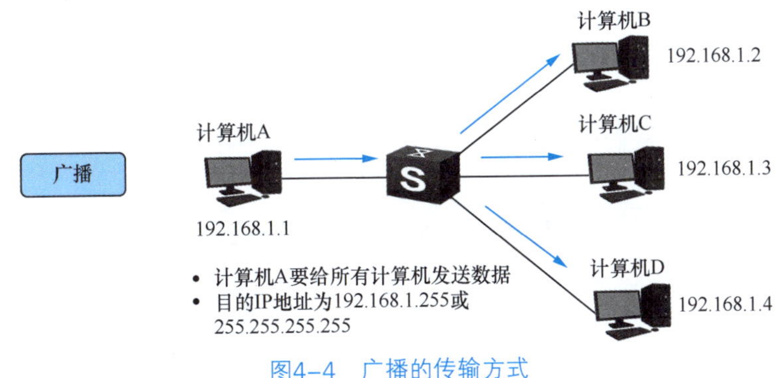

图4-4 广播的传输方式

（3）多播

多播与其他通信类型完全不同，它能够使加入同一多播组的多个主机接收到相同的数据分组，而不是将数据分组发给广播域中的所有主机，如图 4-5 所示。我们用多播地址来代表具体的多播组，多播地址的范围为 224.0.0.0 ～ 239.255.255.255，属于 D 类 IP 地址空间。多播属于“一对多”的传输方式，现网中高带宽的业务（如 IPTV 视频业务）常采用这种路由方式，可以大大节省网络流量。

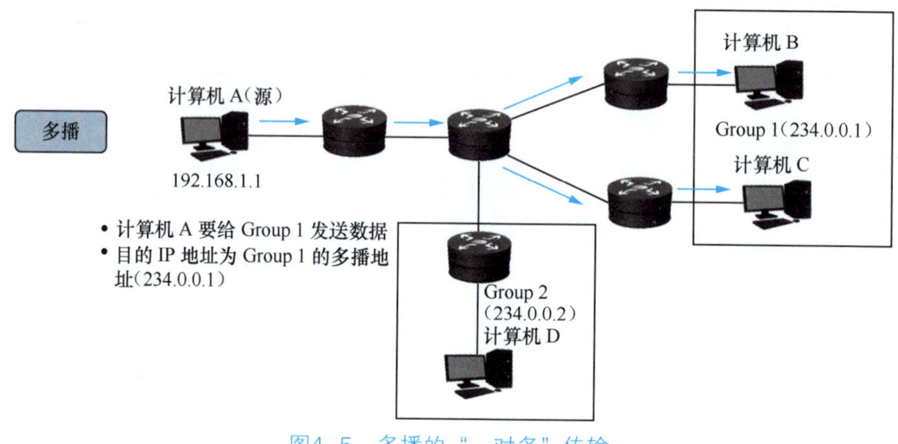

图4-5　多播的“一对多”传输

4.1.2　子网划分与路由聚合

1 子网划分与 VLSM

（1）子网划分

子网划分实际上就是将原来的两级 IP 地址转变为三级 IP 地址，原来的主机位又被细分为子网位与主机位，表示如下。

IP 地址 = {< 网络位 >，< 子网位 >，< 主机位 >}

子网的概念可以理解为：将一个大的网段划分成几个小的子网。例如，我们将一个 B 类地址（172.16 .×.×）划分给了某公司，该公司内部对其进行子网划分，如图 4-6 所示。

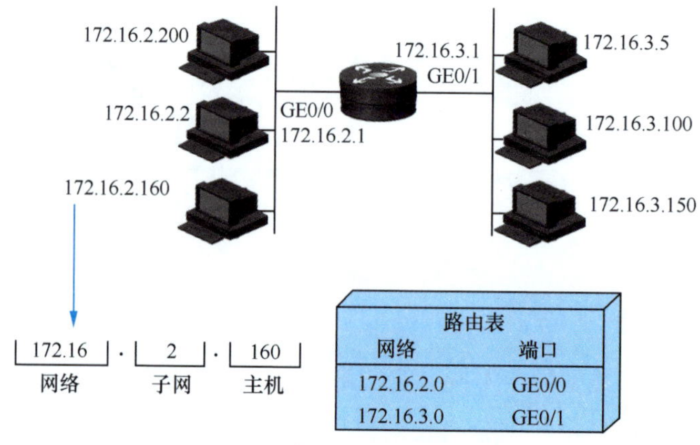

图4-6　带子网划分的编址示例

(2) 子网掩码

子网掩码是一个 32 位地址，是与 IP 地址结合使用的一种技术，主要用于区分一个 IP 地址的网络位和主机位。

子网掩码使用与 IP 地址一样的格式，是由"连 1"的二进制码和"连 0"的二进制码组成的，其中，"连 1"对应 IP 地址的网络位，"连 0"对应 IP 地址的主机位，如图 4-7 所示。子网掩码的表示方法通常有以下两种格式：

① 与 IP 地址格式相同的点分十进制，如 255.0.0.0 或 255.255.255.128 。

② 在 IP 地址后加上"/"符号以及 1 ～ 32 的数字，其中，1 ～ 32 的数字表示子网掩码中"1"码的位数，如 192.167.1.1/24 的子网掩码等同于 255.255.255.0。

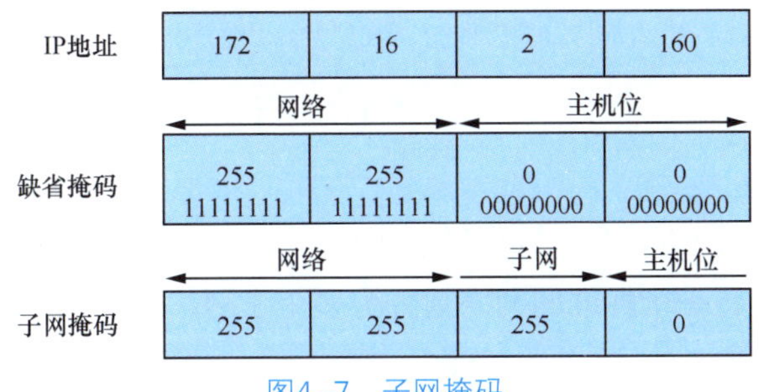

图4–7 子网掩码

默认状态下，如果没有进行子网划分，A 类网络的子网掩码为 255.0.0.0，用 /8 表示；B 类网络的子网掩码为 255.255.0.0，用 /16 表示；C 类网络的子网掩码为 255.255.255.0，用 /24 表示。

下面我们来看看子网掩码的应用，即判断 IP 地址属于哪个子网。

我们可以通过子网掩码来判断两个 IP 地址是否属于同一网段，其方法是：分别将两个十进制的 IP 地址和其子网掩码转换为二进制的形式，然后进行二进制"与"计算（全 1 则为 1，不是全 1 则为 0），如果得出的结果是相同的，那么这两台计算机就属于同一网段。

下面给出一个计算的实例：给定 IP 地址和子网掩码，要求计算该 IP 地址所处的子网的网络地址、子网的广播地址及可用 IP 地址范围，如图 4-8 所示。

步骤 1：将 IP 地址转换为二进制表示。

步骤 2：将子网掩码也转换成二进制表示。

步骤 3：在子网掩码的 1 与 0 之间划一条竖线，竖线左边即为网络位（包括子网位），竖线右边为主机位。

步骤 4：将主机位全部置 0，网络位不变，即为子网的网络地址。

步骤 5：将主机位全部置 1，网络位不变，即为子网的广播地址。

步骤 6 ～ 7：介于子网的网络地址与广播地址之间的地址空间即为子网内可用 IP 地址范围。

步骤 8 ～ 9：将子网网络地址写全，最后转换成十进制。即 172.16.2.160/26 的子网地址为 172.16.2.128/26。

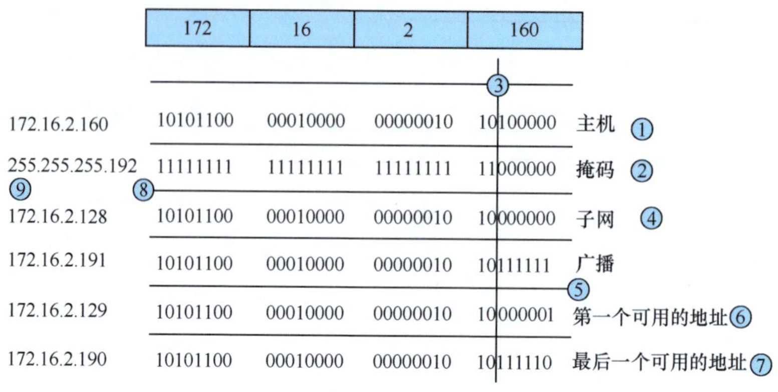

图4-8　地址计算示例

（3）VLSM

可变长子网掩码（VLSM，Variable Length Subnet Masking），由 RFC 1878 定义。VLSM 规定了如何将一个标准的网络划分为多个子网，适用于不同规模的网络需要不同大小的子网的情况。

VLSM 是在标准分类的 IP 地址的基础上，从主机号借出几位作为网络号，也就是增加网络号的位数。各类网络用来再划分子网的位数为：A 类有 24 位可借，B 类有 16 位可借，C 类有 8 位可借。但实际可借的位数为：A 类有 22 位可借，B 类有 14 位可借，C 类有 6 位可借，因为一个子网中至少有两个可用的 IP 地址，所以主机号占位数至少为 2。

至于借多少位合适，具体根据实际子网的需求来确定。对于主机数较多的子网，采用较短的子网掩码，可划分的子网数较少，但子网内可分配的 IP 地址较多；对于主机数较少的子网，采用较长的子网掩码，可划分的子网数较多，但子网上可分配的 IP 地址较少。

因此，VLSM 技术的价值在于：在保证每个子网上保留足够的主机的同时，把一个子网进一步分成多个小子网时有更高的灵活性。如果没有 VLSM，一个子网只能提供给一个网络，如果实际上网络内的主机数小于甚至远小于该子网的可用主机数，则会造成 IP 地址的浪费。另外，VLSM 是基于比特位的，而标准类的网络是基于 8 位组（1 字节）的。

下面我们来看看 VLSM 的应用，即使用 VLSM 进行子网划分。

例如，某公司准备用 C 类网络地址 192.168.1.0/24 进行 IP 地址的子网规划。这个公司共购置了 5 台路由器，一台路由器作为企业网的网关路由器接入当地互联网服务提供商（ISP，Internet Service Provider），其他 4 台路由器连接 4 个办公点，每个办公点有 20 台主机。

从图 4-9 可以看出，需要划分 8 个子网，即 4 个办公点子网和 4 个办公点路由器与网关路由器相连的子网。其中，每个办公点网段需要 21 个 IP 地址（包括一个路由器接口），每个办公点路由器与网关路由器相联网段需要 2 个 IP 地址，各网段内 IP 地址数目差异较大，可以采用 VLSM 技术。4 个办公点网段采用子网掩码 255.255.255.224，划出 3 个子网位，共有 5 个主机位，可以容纳最多 $2^5-2=30$ 台主机。4 个办公点路由器与网关路由器相联网段，划出 6 个子网位，2 个主机位，最多有 2 个可用的 IP 地址。

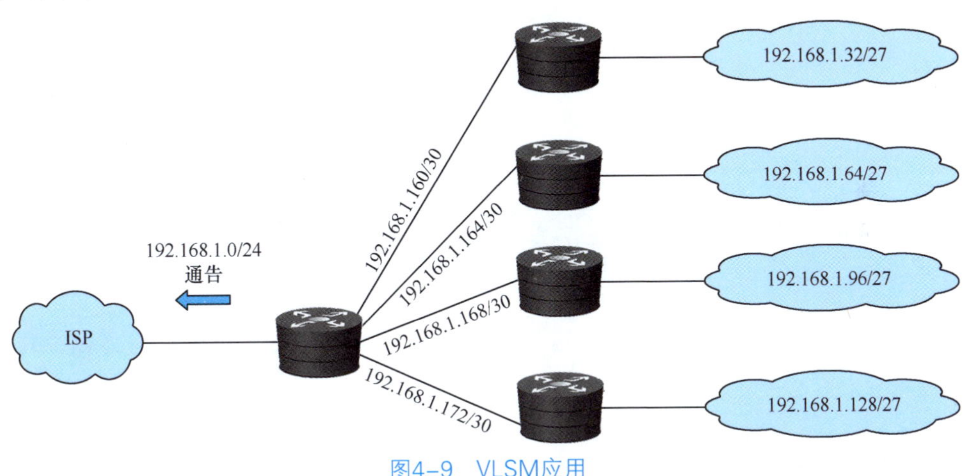

图4-9 VLSM应用

2 路由聚合与 CIDR

（1）路由聚合

路由聚合也叫路由汇聚，它是把一组路由汇聚为单条路由进行发布。其中，聚合后的路由称为聚合路由，聚合前的路由称为明细路由。

路由聚合的主要作用：①可减少路由器的路由条目数，提高网络转发效率；②当网络内部拓扑结构发生变化时，可减少任何不必要的路由更新，进而提高网络的稳定性。如果一台路由器仅向下一跳路由器发送聚合路由，那么，它就不会发布汇聚范围内所包含的具体子网的有关变化。例如，如果路由器 A 仅向路由器 B 发布聚合路由 172.16.0.0/16，之后路由器 A 检测其中一条明细路由 172.16.1.0/24 故障，由于剩下的明细路由被聚合的结果依然为 172.16.0.0/16，因此，路由器 B 感知不到 172.16.1.0/24 网段的故障。

（2）CIDR

无类别域间路由（CIDR，Classless Inter-Domain Routing），也被称为无分类编址，

由 RFC 1817 定义。CIDR 突破了传统 IP 地址的分类边界，将路由表中的若干条路由汇聚为一条路由，减小了路由表的规模，从而减轻了路由器的资源占用。

下面我们来看看 CIDR 的应用，即使用 CIDR 进行路由聚合。

如图 4-10 所示，一个 ISP 被分配了一些 C 类网络，198.168.0.0 ～ 198.168.255.0。该 ISP 准备把这些 C 类网络分配给各个用户群，目前已经分配了 3 个 C 类网段给用户。如果不采用 CIDR 技术，ISP 的路由器的路由表中会有 3 条下联网段的路由条目，并且会把它们通告给因特网上的路由器。如果采用 CIDR 技术，可在 ISP 的路由器上把 3 个网段 198.168.1.0、198.168.2.0、198.168.3.0 汇聚成一条路由 198.168.0.0/16。这样 ISP 路由器只需要向因特网通告 198.168.0.0/16 这一条路由，大大减少了路由表的数目。

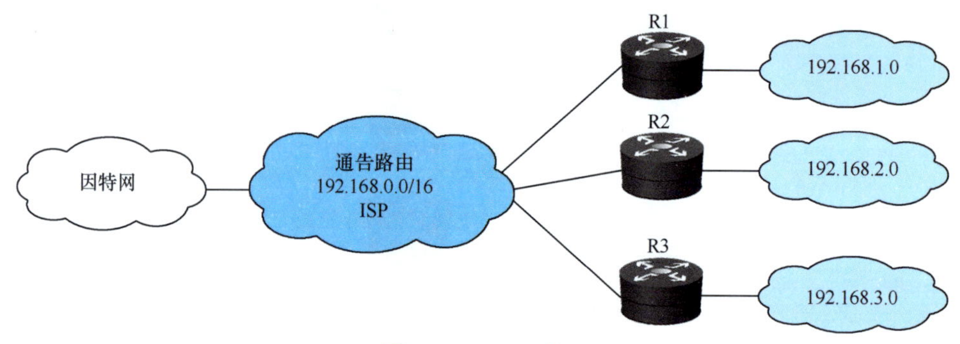

图4-10　CIDR应用

下面我们来看看路由聚合的方法。

路由聚合实际上比较简单，可利用与子网划分完全相同的方法（只是方向恰好相反）将多个小网段聚合为一个大网段。

路由聚合的计算步骤如下。

步骤 1：将各子网地址的网段转换成二进制。

步骤 2：进行二进制位比较。即从第 1 位开始进行比较，将从开始不相同的位到末尾位填充为 0，由此得到的地址为聚合后的网段的网络地址，其网络位为连续、相同的比特位数。例如，我们需要将以下 4 个网络进行路由聚合。

172.18.129.0/24

172.18.130.0/24

172.18.132.0/24

172.18.133.0/24

将上述 4 个网络的网段地址改写成二进制并进行比较，如图 4-11 所示。这 4 组数的前 21（8+8+5）位相同，则网络位为 21。而 10000000 的十进制数是 128，所以聚合路由为 172.18.128.0/21。

```
172.18.129.0/24=10101100 00010010 10000|001 00000000
172.18.130.0/24=10101100 00010010 10000|010 00000000
172.18.132.0/24=10101100 00010010 10000|100 00000000
172.18.133.0/24=10101100 00010010 10000|101 00000000
                10101100 00010010 10000|000 0000000=172.18.128.0 （地址）
                11111111 11111111 11111|000 0000000=255.255.248.0（掩码）
```

图4-11　路由聚合的计算方法

4.1.3 ICMPv4 及应用

网络控制报文协议（ICMPv4，Internet Control Message Protocol Version 4），由 RFC 7922 定义，用来在 IPv4 网络设备间发送控制报文，传递差错、控制、查询等信息。它对收集各种网络信息、诊断和排除网络故障具有至关重要的作用。

1 ICMPv4 报文结构及分类

ICMPv4 属于网络层的协议，其报文结构如图 4-12 所示。

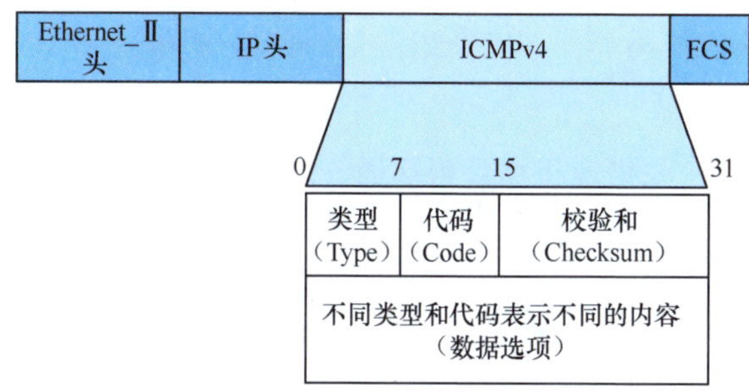

图4-12　ICMPv4报文结构

从图 4-12 可以看到，ICMPv4 消息封装在 IP 报文中。当 IP 报头中的协议字段值为 1 时，就说明这是一个 ICMPv4 报文。

ICMP 的报文可以分为两类：错误通知报文和信息查询报文。

（1）错误通知报文。这类报文用于向发送方设备反馈所发生的错误信息。错误报文通常与数据分组的结构或内容有关，或者与数据分组选择路由过程中网络遇到的问题有关。

（2）信息查询报文。这是一些用来支持设备之间交换信息，实现特定 IP 相关特性及执行测试的报文。这类报文不用来指示错误，一般也不会因响应常规数据的传输而被发送，它们之所以产生可能是因为有应用程序调用，也可能是因为需要定期向其他设备提供信息。

所有 ICMPv4 报文都是由 Type（类型）和 Code（代码）的组合来表示的。RFC 定义了 15 种类型。ICMPv4 报文由 Type 来表达它的大概意义，需要传递细小的信息时由 Code 来分类，表 4-2 中列举了常见的 ICMPv4 报文。

表 4-2　常见的 ICMPv4 报文类型

类型	代码	描述	种类
0	0	回显应答（Ping 应答），与回送请求成对被 Ping 命令使用	信息查询
3	0	网络不可达	错误通知
	1	主机不可达	
	2	协议不可达	
	3	端口不可达	
	4	需要分片但设置了不分片比特	
5	1	对主机重定向	错误通知
8	0	请求回显（Ping 请求），与回显应答成对被 Ping 命令使用	信息查询
11	0	传输期间生存时间（TTL）为 0，被 Traceroute 命令使用	错误通知

2 ICMPv4 典型应用

ICMPv4 的应用有很多，包含路径 MTU 探索、改变路由、源点抑制、Ping 命令、Traceroute 命令、端口扫描等，下面介绍常见的典型应用。

（1）Ping 命令

Ping 命令用来测试与指定机器是否连通，以及测试数据分组往复所需要的时间。为了实现这个功能，Ping 命令使用了两种 ICMP 报文，如图 4-13 所示。

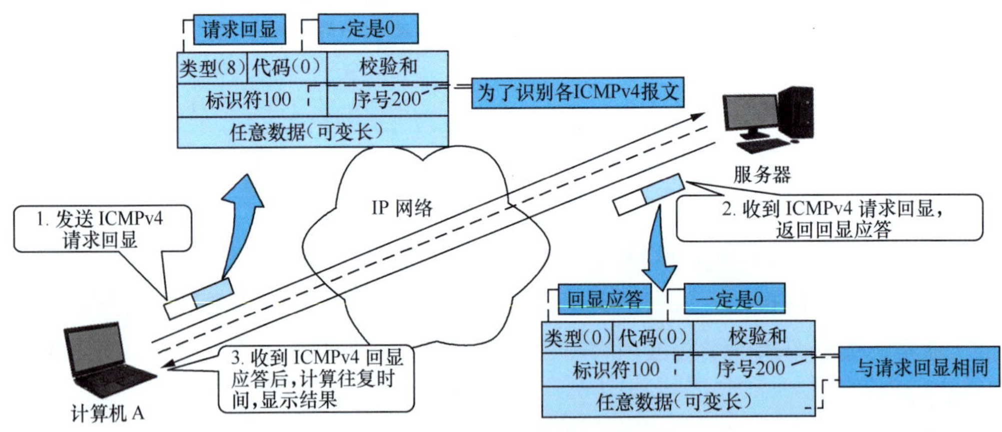

图4-13　Ping命令执行原理

① 计算机 A 向目标服务器发送“请求回显”。

计算机 A 向目标服务器发出“请求回显”的 ICMPv4 报文（类型是 8，代码是 0）。报文中的标识符和序号用来唯一识别各个 ICMPv4 报文，选项用来调整 Ping 数据分组的大小。

② 目标服务器向计算机 A 发送“回显应答”。

目标服务器收到计算机 A 发送的“请求回显”后，会向其发送“回显应答”的

ICMPv4 报文（类型是 0，代码是 0）。

③ 计算机 A 根据测试情况显示测试结果。

计算机 A 可通过是否收到“回显应答”报文，来确认与目标服务器的通信状态。进一步记住发送“请求回显”报文的时间，并与接收到“回显应答”报文的时间进行比较，即可计算出报文一去一回所需要的时间，进而将目标服务器的 IP 地址、数据分组大小、往复时间显示到屏幕上。

（2）Traceroute 命令

为了测试到通信服务器的具体路径信息，使用 Traceroute 命令。Traceroute 命令执行原理如图 4-14 所示。

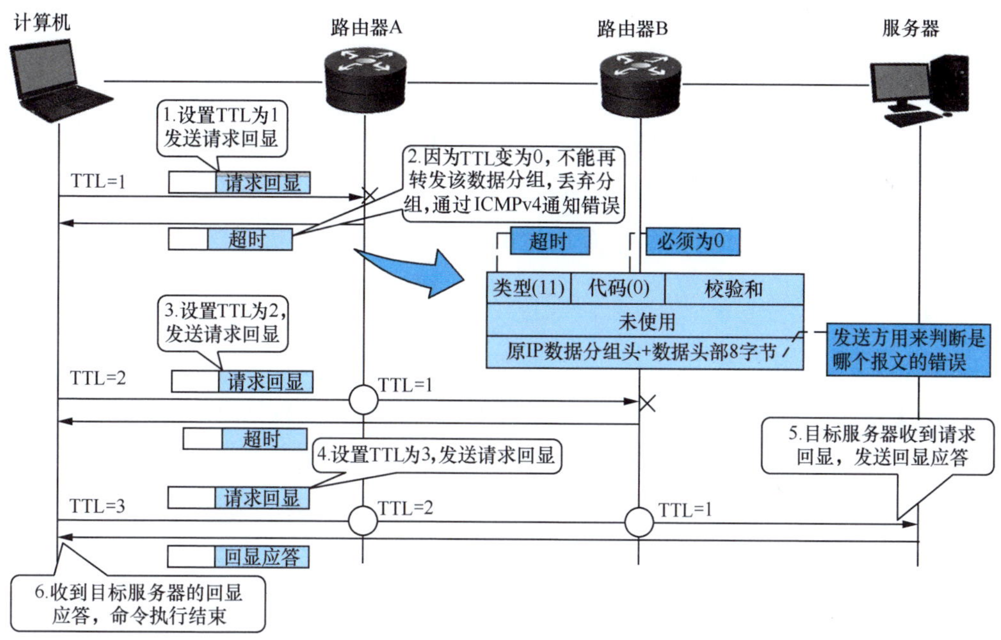

图4-14 Traceroute命令执行原理

① 计算机向目标服务器发送“请求回显”。在计算机上执行 Traceroute 命令后，计算机会向目的服务器发送“请求回显”的 ICMPv4 报文（类型是 8，代码是 0），与 Ping 发出的报文类似。但不同的是，会将 IP 首部的 TTL（生存时间）字段设为 1。

② 途经路由器用超时报文来通知计算机。路由器每转发一次数据分组就将 TTL 的值减 1。当数据分组达到路由器 A 时，TTL 变为 0，因此，路由器会丢弃这个数据分组，并向计算机发送 ICMPv4 超时报文（类型是 11，代码是 0）。

③ 计算机收到针对第一个数据分组的 ICMPv4 超时报文后，再次发送“请求回显”的 ICMPv4 报文，该报文中 TTL 加 1（TTL=2）。第二次发出的“请求回显”报文通过路由器 A 后，TTL 变为 1，到达路由器 B 时 TTL 变为 0，路由器 B 也会将该分组丢弃，并返回 ICMPv4 超时报文。

④ 以后，计算机收到 ICMPv4 超时报文后，再次将 ICMPv4 请求报文的 TTL 加 1 并发出，重复同样的工作。

⑤ 目标服务器回应。如此逐次增加 TTL 的值，某个时候 ICMPv4“请求回显”报文将到达最终的目标服务器。这时，目标服务器与途经的路由器不同，不返回 ICMPv4 超时报文，而是返回 ICMPv4“回显应答”报文（类型是 0，代码是 0）。此时，计算机知道途经测试已经到达目标服务器，结束 Traceroute 命令的执行。像这样，通过列出途经路由器返回的错误，就能知道构成到目标服务器途经的所有路由器的信息了。

4.1.4 ARP 工作原理

在以太网中，当一台设备要向另一台设备发送数据时，需要知道对方的 IP 地址。但仅知道 IP 地址是不够的，还需要将 IP 报文封装成帧才可以通过物理网络发送数据。而数据帧又需要知道 MAC 地址，所以还需要获取对端设备的 MAC 地址。这里通过已知的 IP 地址获取 MAC 地址的工作是由地址解析协议（ARP，Address Resolution Protocol）来完成的。ARP 是在 RFC 826 中定义的。

1 ARP 映射方式

ARP 映射是指 IP 地址和 MAC 地址的对应关系，一般以 ARP 缓存表的形式存储在设备中。当知道某设备的 IP 地址但不知道其 MAC 地址时，可以通过查 ARP 表找出对应的 MAC 地址。根据 ARP 缓存表形成的方式不同，我们将 ARP 映射分为静态映射和动态映射。

（1）静态映射

静态映射，即手动建立的 IP 地址和 MAC 地址的映射关系，该映射关系不会被老化，也不会被动态映射覆盖。

（2）动态映射

动态映射，是指设备自动获取某 IP 地址和物理 MAC 地址的映射关系，该映射关系有一定的生命周期，会被老化。

2 ARP 动态映射流程

ARP 动态映射能够通过目的 IP 地址自动发现其对应的 MAC 地址，在这个过程中，会用到 ARP 请求和 ARP 响应两种报文。

（1）ARP 请求

任何时候，当计算机需要找出这个网络中的另一个计算机的物理地址时，它就可以发送一个 ARP 请求报文，这个报文包含了发送方的 MAC 地址和 IP 地址以及接收方的 IP 地址。因为发送方不知道接收方的物理地址，所以这个请求报文的目的 MAC 地址为广播地址，以广播的方式被交换机转发，如图 4-15 所示。

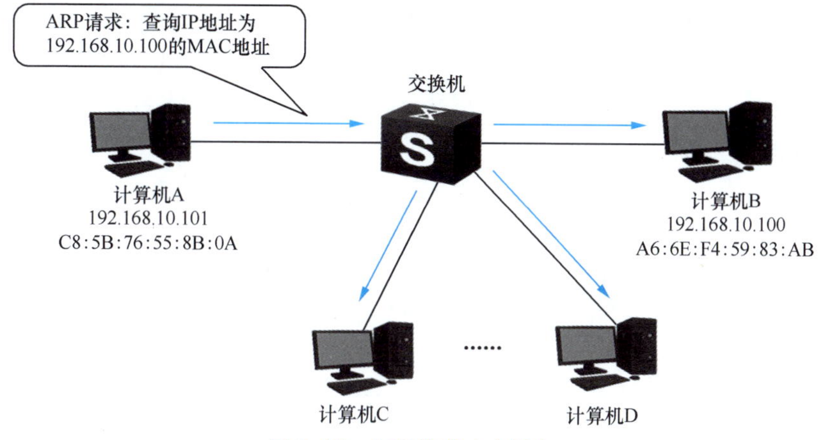

图4-15　ARP请求（广播）

（2）ARP 响应

局域网中的每一台计算机都会接收并处理 ARP 请求报文，然后进行验证，查看接收方的 IP 地址是不是自己的地址。只有验证成功的计算机才会返回一个 ARP 响应报文，这个响应报文包含接收方的 IP 地址和 MAC 地址。响应方利用收到的 ARP 请求报文中的请求方 MAC 地址，以单播的方式直接发送给 ARP 请求报文的请求方，如图 4-16 所示。

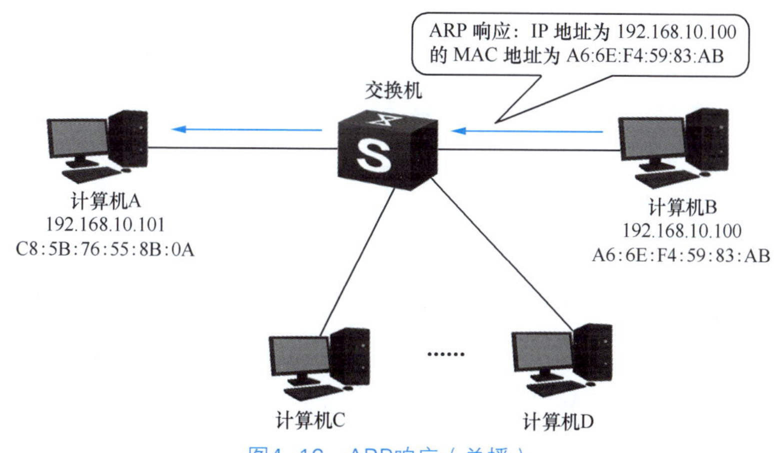

图4-16　ARP响应（单播）

4.1.5 DHCP 工作原理

随着网络规模的不断扩大和网络复杂度的提高，计算机的数量经常超过可供分配的 IP 地址数量。同时随着便携式计算机及无线网络的广泛使用，计算机的位置经常发生变化，相应的 IP 地址也必须经常更新，这导致网络配置越来越复杂。动态主机配置协议（DHCP，Dynamic Host Configuration Protocol）就是为解决这些问题而发展起来的。

DHCP 采用客户端 / 服务器的通信模式，由客户端向服务器提出申请，服务器返回为客户端分配的 IP 地址等相应的配置信息，以实现 IP 地址等信息的动态配置。

在 DHCP 的典型应用中，一般包含一台 DHCP 服务器和多台客户端（如 PC 便携机），如图 4-17 所示。

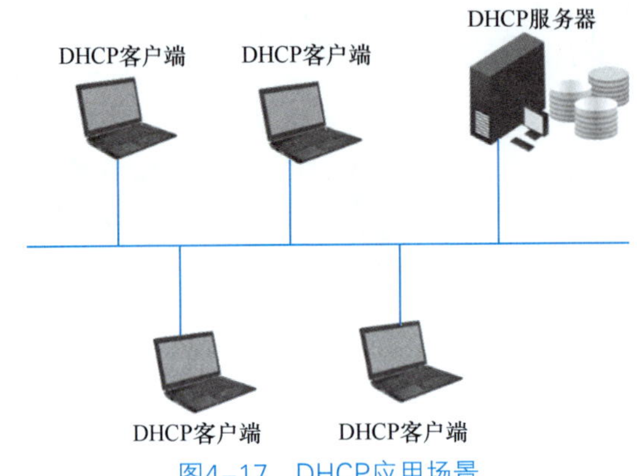

图4-17　DHCP应用场景

如果 DHCP 客户端和 DHCP 服务器处于不同网段，则客户端可以通过 DHCP 中继与服务器通信，获取 IP 地址及其他配置信息，如图 4-18 所示。

图4-18　DHCP中继应用场景

1 DHCP 报文种类

DHCP 包含 8 种报文，分别是 DHCP-DISCOVER、DHCP-OFFER、DHCP-REQUEST、DHCP-ACK、DHCP-NAK、DHCP-RELEASE、DHCP-DECLINE 和 DHCP-INFORM，具体含义如表 4-3 所示。

表 4-3　DHCP 包含的 8 种报文类型

报文类型	主要功能
DHCP-DISCOVER	由 DHCP 客户端以广播方式发送，用来查找网络中可用的 DHCP 服务器
DHCP-OFFER	DHCP 服务器用来响应客户端的 DHCP-DISCOVER 请求，并为客户端指定相应配置参数
DHCP-REQUEST	DHCP 客户端广播发送给 DHCP 服务器，用来请求配置参数或续借租期
DHCP-ACK	DHCP 服务器通知客户端可以使用分配的 IP 地址和配置参数

续表

报文类型	主要功能
DHCP-NAK	DHCP 服务器通知客户端地址请求不正确或者租期已过，续租失败
DHCP-RELEASE	由 DHCP 客户端主动向 DHCP 服务器发送，告知服务器该客户端不再需要分配的 IP 地址
DHCP-DECLINE	DHCP 客户端发现地址冲突或由于其他原因导致地址不能使用，则发送 DHCP-DECLINE 报文，通知服务器所分配的 IP 地址不可用
DHCP-INFORM	DHCP 客户端已有 IP 地址，用它来向服务器请求其他配置参数

2 DHCP 的 IP 地址分配

（1）IP 地址分配策略

针对客户端的不同需求，DHCP 提供 3 种 IP 地址分配策略，如下。

① 手工分配地址。由管理员为少数特定客户端静态绑定。将客户端的 MAC 地址与某个 IP 地址绑定。服务器根据客户端 MAC 地址找到对应的固定 IP 地址分配给客户端。

② 自动分配地址。为首次连接到网络的某些主机分配固定 IP 地址，该地址将长期由该主机使用。

③ 动态分配地址。以“租借”的方式将某个地址分配给客户端主机，到达使用期限后，客户端需要重新申请地址。绝大多数客户端主机得到的是这种动态分配的地址。

（2）IP 地址动态分配过程

如图 4-19 所示，DHCP 客户端从 DHCP 服务器动态获取 IP 地址，主要通过以下 4 个阶段。

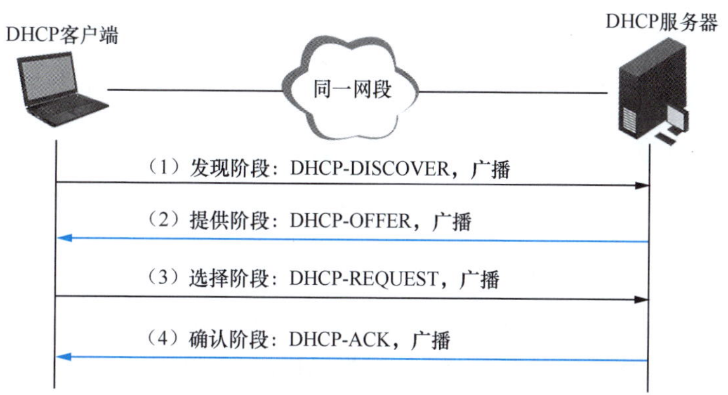

图4-19　DHCP动态分配IP地址过程

① 发现阶段，即 DHCP 客户端寻找 DHCP 服务器的阶段。客户端以广播方式发送 DHCP-DISCOVER 报文。

② 提供阶段，即 DHCP 服务器提供 IP 地址的阶段。DHCP 服务器接收客户端的 DHCP-DISCOVER 报文后，根据 IP 地址分配的优先次序选出一个 IP 地址，与其他参数一起通过 DHCP-OFFER 报文发送给客户端。

③ 选择阶段，即 DHCP 客户端选择 IP 地址的阶段。如果有多台 DHCP 服务器向该客户端发来 DHCP-OFFER 报文，客户端只接受第一个收到的 DHCP-OFFER 报文，然后以广播方式发送 DHCP-REQUEST 报文，该报文中包含 DHCP 服务器在 DHCP-OFFER 报文中分配的 IP 地址。

④ 确认阶段，即 DHCP 服务器确认 IP 地址的阶段。DHCP 服务器收到 DHCP 客户端发来的 DHCP-REQUEST 报文后，会进行如下操作：如果确认将地址分配给该客户端，则返回 DHCP-ACK 报文；否则返回 DHCP-NAK 报文，表明地址不能分配给该客户端。

客户端收到服务器返回的 DHCP-ACK 确认报文后，会以广播的方式发送免费 ARP 报文，探测是否有主机使用服务器分配的 IP 地址，如果在规定的时间内没有收到回应，客户端才使用此地址；否则，客户端会发送 DHCP-DECLINE 报文给 DHCP 服务器，并重新申请 IP 地址。

3 DHCP Relay 介绍

在 DHCP Relay 的应用中，DHCP Relay 设备会代理 DHCP 客户端和 DHCP 服务器之间的 DHCP 报文交互。DHCP Relay 原理如图 4-20 所示。

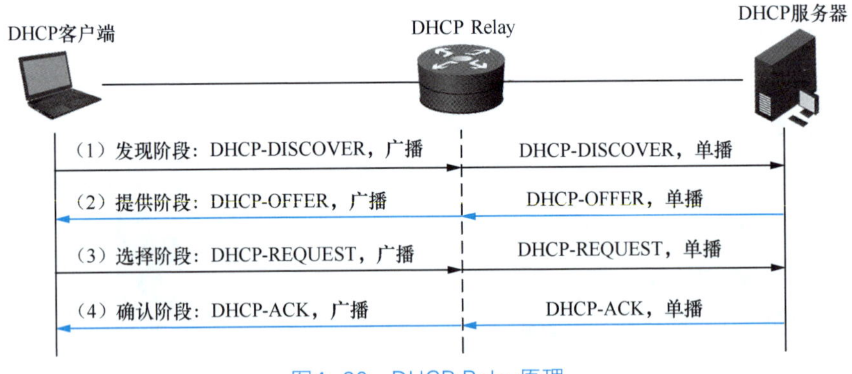

图4-20 DHCP Relay原理

① 发现阶段，DHCP 客户端以广播方式发送 DHCP-DISCOVER 报文来寻找 DHCP 服务器，因本地网络中没有 DHCP 服务器，故与本地网络相连的具有 DHCP Relay 功能的网络设备收到广播报文后，将其修改为转发给指定 DHCP 服务器的单播报文。

② 提供阶段，DHCP 服务器接收到 DHCP Relay 转发过来的单播 DHCP-DISCOVER 报文后，从 IP 地址池中挑选一个尚未分配的 IP 地址，并将 DHCP-OFFER 单播报文发送给 DHCP Relay 设备。DHCP Relay 设备将该 DHCP-OFFER 单播报文修

改为广播报文发送到本地网络中，进而 DHCP 客户端可以收到 DHCP-OFFER 报文。

③ 选择阶段，DHCP 客户端以广播方式向 DHCP 服务器回应 DHCP-REQUEST 报文，中间再次经过 DHCP Relay 设备将该报文转为单播报文，发送给指定的 DHCP 服务器。

④ 确认阶段，DHCP 服务器回应 DHCP-ACK 报文，单播发给 DHCP Relay，DHCP Relay 设备再将其修改为广播报文发送到本地网络中，DHCP 客户端收到后便可获得 IP 地址。

4.1.6 IPv6 地址

随着互联网、物联网技术的快速发展，越来越多的终端需要接入网络。但现行 IPv4 协议地址资源的有限性，严重制约了互联网的应用和发展。IPv6（Internet Protocol Version 6）是 IETF 设计的用于替代 IPv4 协议的下一代 IP（网际互连协议），IPv6 有 2^{128} 个地址，号称可以为全世界的每一粒沙子编址。

相比 IPv4，IPv6 不仅地址充足，在管理上也更加方便，同时不容易被截获和篡改，更具安全性，能适应万物互联时代的网络需求。因此，IPv4 向 IPv6 升级势在必行。

IPv4 使用点分十进制来表示，而 IPv6 由于地址太长，采用十六进制来表示。

IPv6 将整个地址分为 8 段，每段之间用冒号（：）隔开，每段的长度为 16 位，表示如下。

XXXX：XXXX：XXXX：XXXX：XXXX：XXXX：XXXX：XXXX

我们有以下两种 IPv6 地址的表示方法。

1 完整格式

完整格式的表示方法就是将 IPv6 地址中 32 个字符（一个字符是一个十六进制数）完整地写出来，比如下面就是一些 IPv6 地址的完整格式表示形式。

2001：0410：0000：1234：FB00：1400：5000：45FF

3ffe：0000：0000：0000：1010：2a2a：0000：0001

从上面 IPv6 地址的完整格式表示中可以看出，每一个地址都将 32 个字符全部写出来，即使地址中有多个 0，或有多个 F，也都不能省略。

2 压缩格式

在一个完整的 IPv6 地址中会经常出现多个 0。而我们知道，许多时候，0 是毫无意义的，那么我们考虑将不影响地址结果的 0 省略，这样就可以大大节省时间，也方便人们阅读和书写，这种省略 0 的表示方法，称为压缩格式，而压缩格式的表示中，分以下 3 种情况。

第一种情况：

在 IPv6 中，地址分为 8 段，每个段共 4 个字符，但是一个完整的 IPv6 地址经常会出现整个段 4 个字符全部为 0 的情况，所以我们将其用双冒号“：：”表示。如果连续多个段全为 0，那么也可以将多个段都使用双冒号“：：”来表示。

例 1：压缩前：0000：0000：0000：0000：0000：0000：0000：0000

压缩后：：：

当计算机获取压缩后的地址，发现比正常的 128 位少了 128 位时，计算机会试图在“：：”处补上缺少的 128 个 0（32 个十六进制数）。

例 2：压缩前：0000：0000：0000：0000：0000：0000：0000：0001

压缩后：：：0001

当计算机获取压缩后的地址，发现比正常的 128 位少了 112 位时，计算机会试图在“：：”处补上缺少的 112 个 0（28 个十六进制数）。

例 3：压缩前：3ffe：0000：0000：0000：1010：2a2a：0000：0001

压缩后：3ffe：：1010：2a2a：：0001

当计算机获取压缩后的地址，发现比正常的 128 位少了 64 位时，计算机会试图在“::”处补上缺少的 64 个 0，但是我们可以看到，压缩后的地址有两个“::”，而计算机要补上 64 个 0，所以这时补充后的结果很可能有以下几种。

3ffe：0000：1010：2a2a：0000：0000：0000：0001

3ffe：0000：0000：1010：2a2a：0000：0000：0001

3ffe：0000：0000：0000：1010：2a2a：0000：0001

从上面的例子可以发现，当一个 IPv6 地址被压缩后，如果地址中出现两个或多个“：：”，计算机在将地址还原时，就可能出现多种情况，这将导致计算机还原后的地址不是压缩之前的地址，导致地址错误，最终通信失败。所以在例 3 中，压缩格式是不正确的。

因此，在压缩 IPv6 地址时，一个地址中只能出现一个“：：”。在例 3 中，正确的压缩格式为“3ffe：：1010：2a2a：0000：0001”或“3ffe：0000：0000：0000：1010：2a2a：：1”。

第二种情况：

在表示 IPv6 地址时，允许省略一个段中前导部分的 0，因为它们不影响结果。但是需要注意的是，如果 0 不是前导 0，比如 2001，我们就不能省略 0 而写成 21，因为 21 不等于 2001，所以当 0 在中间时不能省略，只能省略最前面的 0。

例 4：压缩前：2001：0410：0000：1234：FB00：1400：5000：45FF

压缩后：2001：410：0：1234：FB00：1400：5000：45FF

第三种情况：

在前面两种压缩表示方法中，第一种是在整段 4 个字符全为 0 时，才将其压缩后写为“：：”，而第二种是将无意义的 0 省略不写，可以发现两种方法都能节省时间，方便阅读。第三种压缩方法就是结合前两种方法，既将整段 4 个字符全为 0 的部分写成“：：”，又将无意义的 0 省略不写，结果就可以出现以下一些最方便的表示方法。

例 5：压缩前：2001：0410：0000：0000：FB00：1400：5000：45FF

压缩后：2001：410：：FB00：1400：5000：45FF

可以看到，结合了两种压缩格式的方法更为简便。

任务习题

1. IP 地址和电话号码相比有何异同?

2. 在给定 192.168.4.0/24 中划分 5 个子网，如何配置子网掩码？每个子网最多能容纳多少台主机?

4.1.7　实训单元——网络侧的 IP 地址规划

掌握承载网的 IP 地址划分方法。

实训内容

1. 完成各设备 Loopback 0 接口的 IP 地址规划，要求全局唯一。
2. 完成各设备互联接口的 IP 地址规划，要求全局唯一。

实训准备

1. 实训环境准备

（1）硬件：具备登录实训系统仿真软件的计算机终端。

（2）软件：实训系统仿真软件。

2. 相关知识点要求

（1）IP 地址、子网划分及子网掩码的概念。

（2）VLSM 的概念，以及如何使用 VLSM 进行子网划分。

实训步骤

1. 各设备 Loopback 0 接口的 IP 地址规划。
2. 各设备互联接口的 IP 地址规划。

评定标准

1. 针对各设备 Loopback 0 接口的 IP 地址规划，评定标准如下。
   （1）子网掩码满足要求。
   （2）IP 地址连续，且从核心设备开始分配。
2. 针对各设备互联接口的 IP 地址规划，评定标准如下。
   （1）子网掩码满足要求。
   （2）两两互联的接口需要在同一网段内。
   （3）不同链路需要在不同的网段内。

实训小结

实训中的问题：______________________________

____

____

问题分析：______________________________

____

____

问题解决方案：______________________________

____

____

思考与拓展

1. IP 子网划分的意义是什么?
2. 10.0.0.0/24 与 10.0.0.0/25 的区别是什么?

4.1.8 实训单元——网络侧的 IP 地址配置

掌握 Loopback 0 接口和 NNI 的 IP 地址配置方法。

实训内容

1. 完成设备 Loopback 0 接口的 IP 配置。
2. 完成 NNI 的 IP 配置。

实训准备

1. 实训环境准备

（1）硬件：具备登录实训系统仿真软件的计算机终端。

（2）软件：实训系统仿真软件。

2. 相关知识点要求

（1）Loopback 0 接口的 IP 配置方法及流程。

（2）NNI 的概念、配置方法及流程。

实训步骤

1. 设备 Loopback 0 接口的 IP 配置。

（1）配置设备 Loopback 0 接口。

（2）激活配置生效。

2. 基于 NNI 的 IP 配置。

（1）配置设备各互联的 NNIIP。

（2）激活配置生效。

评定标准

1. 针对设备 Loopback 0 的 IP 配置，评定标准如下。

（1）子网掩码满足要求。

（2）IP 地址连续，且从核心设备开始分配。

2. 针对 NNI 的 IP 配置，评定标准如下。

（1）子网掩码满足要求。

（2）两两互联的接口需要在同一网段内。

（3）不同链路需要在不同的网段内。

（4）对互联的 NNI IP 进行 Ping 测试，测试结果正常。

实训小结

实训中的问题：

问题分析：

问题解决方案：

思考与拓展

1. 除了 Loopback 0 接口之外，还可配置其他 Loopback 接口吗？
2. 如果将不同链路的接口 IP 配置在同一网段，会造成什么影响？

4.1.9 实训单元——使用 DHCP 为基站分配 IP 地址

掌握 DHCP 动态分配 IP 地址的应用。

1. 搭建 DHCP 服务器。

2. 采用 DHCP 为下挂基站分配 IP 地址。

1. 实训环境准备

（1）硬件：具备登录实训系统仿真软件的计算机终端。

（2）软件：实训系统仿真软件。

2. 相关知识点要求

（1）DHCP 工作原理。

（2）DHCP Relay 的应用。

实训步骤

1. 搭建 DHCP 服务器。

（1）配置 DHCP 服务器的 IP 地址池。

（2）将 DHCP 地址池绑定到 VLAN 接口，并启动 DHCP 服务。

2. 采用 DHCP 为下挂基站分配 IP 地址。

（1）DHCP 全局配置。

（2）DHCP Relay 配置。

评定标准

1. 搭建 DHCP 服务器，其评定标准如下。

（1）DHCP 地址池包含 IP 地址段、网关、DNS、租赁期信息。

（2）DHCP 服务器能为下挂同一局域网内的 DHCP 客户端分配 IP 地址。

2. 采用 DHCP 为下挂基站分配 IP 地址，其评定标准如下。

（1）DHCP 全局配置及 DHCP IPv4 配置完成。

（2）下挂基站可以通过 DHCP 获取到 IP 地址。

实训小结

实训中的问题：______________________________

____

____

问题分析：____

____

____

问题解决方案：____

____

____

思考与拓展

1. DHCP 与 DHCP Relay 有什么异同？
2. 下挂基站 DHCP 获取不到 IP 地址，可能有哪些原因？

任务 2 IP 路由基础

【任务前言】

通过学习前面的内容，我们已经了解 IP 地址的基本知识，那么 IP 数据分组如何从源端到目的端？用到哪些路由？路由表又是什么？带着这样的问题，我们进入本任务的学习。

【任务描述】

为了使 5G 承载网控制面互通，在 5G 承载网中需要部署路由协议，而部署路由协议前需要了解其基础知识。通过本任务的学习，学员能够掌握路由分类、了解路由表相关字段含义及最优路由的选择原则。

【任务目标】

- 能够掌握路由的分类。
- 能够理解路由表各字段含义。
- 能够掌握最优路由选择原则。
- 能够完成 5G 承载网控制面的路由互通。

知识储备

4.2.1 路由分类

简单地说，路由就是报文从源端到目的端的整条传输路径。根据路由的来源不同，可把路由分为三大类。

（1）直连路由。通过链路层协议发现的路由称为直连（Connected 或 Direct）路由，不需要配置。直连路由来自路由器的本地接口，当路由器接口处于活动状态，并且配置了 IP 地址时，路由器就会自动生成一条直连路由条目。

（2）静态路由。通过网络管理员手动配置的路由称为静态（Static）路由。静态路由没有自己的路由算法，不能自动生成，纯粹依靠管理员为它们一级一级地指明下一跳路径。它们不能自动适应网络拓扑的变化（不具有主动网络收敛功能），需要人工干预。

（3）动态路由。通过动态路由协议发现的路由称为动态（Dynamic）路由。每台路由器上运行的路由协议会通过路由信息进行交换，生成并维护相关的路由表。动态路由无须管理员手工对路由器上的路由表进行维护。

根据作用范围及路由算法的不同可对动态路由进行进一步分类，具体如下。

根据作用范围不同，动态路由协议可分为两种，如图 4-21 所示。

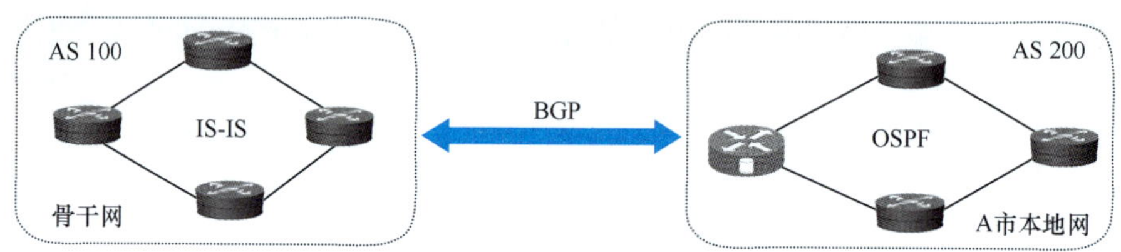

图4-21　IGP路由与EGP路由说明

（1）内部网关协议（IGP，Interior Gateway Protocol）：在一个自治系统（AS，Autonomous System）内部运行，常见的 IGP 包括路由信息协议（RIP，Routing Information Protocol）、开放式最短路径优先（OSPF，Open Shortest Path First）和 IS-IS。

（2）外部网关协议（EGP，Exterior Gateway Protocol）：运行于不同 AS 之间。目前常用的 EGP 就是边界网关协议（BGP，Border Gateway Protocol）。

AS 是一组有相似路由策略且属于同一个组织机构（例如，各级运营商）的路由器集合。同一个 AS 的路由器可运行相同的 IGP（含静态路由），也可以运行不同的 IGP（含静态路由）。一个 AS 用一个 AS ID 来标识。

根据使用的路由算法不同，动态路由协议可分为以下两种。

（1）距离矢量协议（Distance-Vector Protocol），包括 RIP 和 BGP。

（2）链路状态协议（Link-State Protocol），包括 OSPF 和 IS-IS。

4.2.2 IP 路由转发原理

路由器转发数据分组的关键是 IP 路由表。每个路由器中都保存着路由表，表中每条路由项都指明发送数据分组到某子网或某主机应通过路由器的哪个端口，然后就可到达该路径的下一个路由器，或者不再经过其他路由器而传送到直接相连的网络中的目的主机。

一条路由包含哪些元素呢？如图 4-22 所示。

（1）目的地址：又称为目的网段，表示此路由的目的地址，用来标识 IP 数据分组的目的地址或目的网络，如图 4-22 所示的“10.45.1.0/24”。

```
router#show route

*** PUBLIC NET ***
[ IPV4 ROUTE TABLE ]
Codes: L - Local, C - connected, S - static, R - RIP, B - BGP
O - OSPF, IA - OSPF intra area, IE - OSPF inter area
N1 - OSPF NSSA external type 1, N2 - OSPF NSSA external type 2
E1 - OSPF external type 1, E2 - OSPF external type 2
i - IS-IS, Li1 - IS-IS level-1 internal, Li2 - IS-IS level-2 internal
Le1 - IS-IS level-1 external, Le2 - IS-IS level-2 external
un - unknown, * - candidate default, ^ - best.
-------- ------------------ ------ ---------- ------------------------------ ------------------------------ -------------
P        D                  AD     COST       NH-VRF                         NH-ADDR                        INTF
-------- ------------------ ------ ---------- ------------------------------ ------------------------------ -------------
i Li2^   10.45.1.0/24       115    2240       -                              100.3.14.2                     flexe-tunnel1
L^       100.2.1.1/32       0      10         -                              0.0.0.0                        loopback0
i Li2^   100.2.1.6/32       115    2231       -                              100.3.14.2                     flexe-tunnel1
i Li2^   100.2.1.6/32       115    0          -                              100.3.12.2                     flexe-tunnel2
C^       100.3.12.0/30      0      10         -                              0.0.0.0                        flexe-tunnel2
L^       100.3.12.1/32      0      10         -                              0.0.0.0                        flexe-tunnel2
C^       100.3.14.0/30      0      10         -                              0.0.0.0                        flexe-tunnel1
L^       100.3.14.1/32      0      10         -                              0.0.0.0                        flexe-tunnel1
i Li2^   100.3.23.0/30      115    40         -                              100.3.12.2                     flexe-tunnel2
```

图4-22　IP路由表示例

（2）路由协议类型：表示此条路由的来源，如静态路由、直连路由和各种动态路由协议等。如图 4-22 所示，“c”是 connected 的缩写，代表直连路由；“i”为 IS-IS 的缩写。“l”是“local”的缩写，但不是一种路由类型，此处仅表示本地接口 IP 地址。

（3）管理距离（AD，Administrative Distance）：标识路由来源（路由协议类型）的可信度，AD 值越低表示路由条目越可信。如图 4-22 所示，IS-IS 的 AD 值为 115，直连路由的 AD 值为 0。

（4）Cost（开销）：又称为 Metric（度量值），当到达同一目的地的多条路由具有相同的管理距离时，开销值最小的将成为当前的最优路由。不同的路由协议使用不同的开销，如距离矢量类协议采用“距离”（跳数）作为度量，而链路状态类协议采用“链路状态”（一般由链路带宽决定）作为开销。

（5）下一跳地址：表示此路由的下一跳 IP 地址，指明数据转发路径中的下一个三层设备。

（6）出接口：表示本设备将从这个接口转发出 IP 数据分组，出接口可以是物理接口，也可以是逻辑接口（如图 4-22 所示的 flexe-tunnel 和 loopback 0 接口）。

图 4-22 中，第一条路由的目的地址为“10.45.1.0/24”，协议类型为“IS-IS”，管理距离为“115”，度量值为“2240”，下一跳地址为“100.3.14.2”，出接口为“flexe-tunnel1”。

从图 4-22 中可以发现，路由表中包含多种元素，那么当到达同一目的地有多条路由时，路由器需要选择最优路由进行数据转发。对于最优路由的选择，应该基于哪些准则呢？

（1）掩码最长原则

当数据分组到达路由器，路由器在查询 IP 路由表的时候，会依据掩码最长的原则（也称最长匹配原则）进行匹配。如图 4-23 所示，当目的 IP 地址为“10.45.1.3”

的数据分组经过该路由器的时候，这两条路由都可以匹配到，但是路由器会以第二条作为最优路由。因为第二条路由条目的掩码更长，这表明该路由条目更精确。

```
router#show route

*** PUBLIC NET ***

[ IPV4 ROUTE TABLE ]
Codes: L - Local, C - connected, S - static, R - RIP, B - BGP
O - OSPF, IA - OSPF intra area, IE - OSPF inter area
N1 - OSPF NSSA external type 1, N2 - OSPF NSSA external type 2
E1 - OSPF external type 1, E2 - OSPF external type 2
i - IS-IS, Li1 - IS-IS level-1 internal, Li2 - IS-IS level-2 internal
Le1 - IS-IS level-1 external, Le2 - IS-IS level-2 external
un - unknown, * - candidate default, ^ - best.
-------- ------------------ ------ ---------- ------------------------------- ---------------------------------------- -------------
P        D                  AD     COST       NH-VRF                          NH-ADDR                                  INTF
-------- ------------------ ------ ---------- ------------------------------- ---------------------------------------- -------------
i Li2^   10.45.1.0/24       115    2240       -                               100.3.14.2                               flexe-tunnel1
O IE     10.45.1.0/29       110     10        -                               100.3.24.2                               flexe-tunnel2
```

图4-23　掩码最长原则

（2）路由的管理距离

如图 4-24 所示，R1 到 R6 有两条路径：第一条路径为 R1 → R2 → R3 → R6，配置 IS-IS 路由协议；第二路径为 R1 → R4 → R5 → R3 → R6，配置静态路由协议。虽然第一条链路更短，但是因为 IS-IS 的管理距离大于静态路由的，所以 R1 路由器会选择第二条路径，将 R4 作为去往 R6 的下一跳。

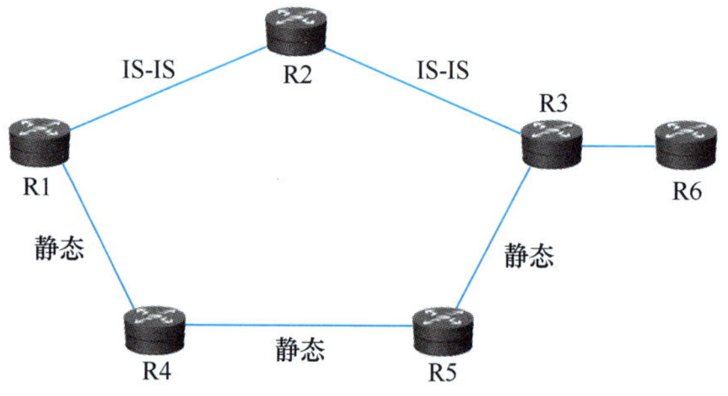

图4-24　路由的管理距离

（3）路由的度量值

如果全网采用同一种路由协议，或者路由器无法通过管理距离来判断最优路由，路由器就会使用开销来计算最优路由。常用的开销值计算因子有跳数、带宽、时延、负载和可靠性等。

如图 4-25 所示，路由器 R1 到达 10.10.1.0/24 网段有两条路径，即两条路由，其管理距离相同。每条路径的开销是各段链路的 Metric（度量）值之和，R1 → R2 → R4 开销为 5，而 R1 → R3 → R4 的开销为 10。开销越小，路由越优，所以路由器 R1 会选 R1 → R2 → R4 为最优路由。

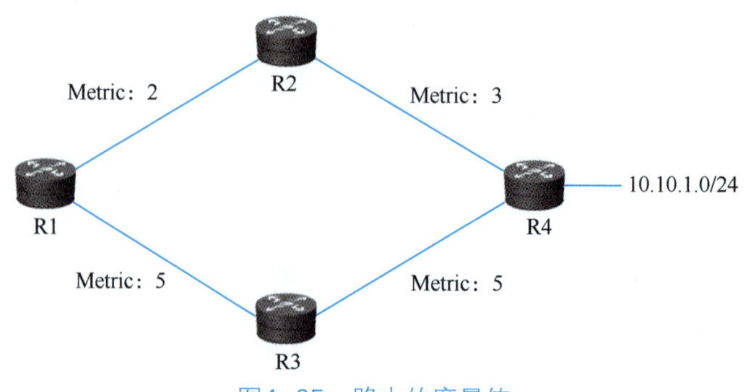

图4-25　路由的度量值

任务习题

1. 路由器工作在 OSI 模型的哪一层?
2. 以下关于静态路由的说法不正确的是（ ）。
   A. 静态路由通过手工配置，没有复杂的路由协议
   B. 静态路由不需要路由器之间交互协议报文，不会占用带宽，安全性也比较高
   C. 静态路由协议不能适应拓扑的变化，在链路中断时，需要手工重新配置路由条目
   D. 态路由对路由器 CPU 和内存资源占用较少，在复杂的大规模网络中要尽可能地使用静态路由

4.2.3 实训单元——控制器的静态路由配置

实训目的

通过配置静态路由深入理解 IP 路由基础知识，并掌握在控制器上配置静态路由的方法。

实训内容

1. 分析并配置控制器到各承载网网元的静态路由。
2. 验证路由的正确性。

实训准备

1. 实训环境准备
   （1）硬件：具备登录实训系统仿真软件的计算机终端。
   （2）软件：实训系统仿真软件。
2. 相关知识点要求
   （1）IP 地址、子网划分及子网掩码的概念。
   （2）路由的分类。
   （3）静态路由及路由表相关知识。

1. 了解实验环境。
2. 查询整理相关 IP，分析静态路由。
3. 在控制器上，利用 Windows 命令行添加静态路由。
4. 检查控制器的路由表。
5. 通过 Ping 命令检查控制器与直联网元的连接结果。

控制器可 Ping 通直联设备 Loopback 0 IP，但无法 Ping 通非直联的网元。

实训小结

实训中的问题：____

____

____

问题分析：____

____

____

问题解决方案：____

____

____

思考与拓展

为什么控制器只能 Ping 通直联设备，而无法 Ping 通其他网元?

4.2.4 实训单元——网元的静态路由配置

掌握在网元设备上配置静态路由的方法。

实训内容

1. 分析并配置各网元到控制器的静态路由。
2. 验证路由配置的正确性。

实训准备

1. 实训环境准备

（1）硬件：具备登录实训系统仿真软件的计算机终端。

（2）软件：实训系统仿真软件。

2. 相关知识点要求

（1）IP 地址、子网划分及子网掩码的概念。

（2）路由的分类。

（3）静态路由及路由表相关知识。

实训步骤

1. 了解实验环境。
2. 在网元上配置静态路由。
3. 检查网元的 IP 路由表。
4. 通过 Ping 命令检查控制器与各网元的连通性。

评定标准

完成静态路由配置，控制器可以 Ping 通所有网元的 Loopback 0 IP。

实训小结

实训中的问题：____

____

____

问题分析：____

____

____

问题解决方案：____

____

____

思考与拓展

如图 4-26 所示，如何在 NE2 上配置静态路由，使 NE2 在访问控制器时选择路径 NE2 → NE1 → NE3？

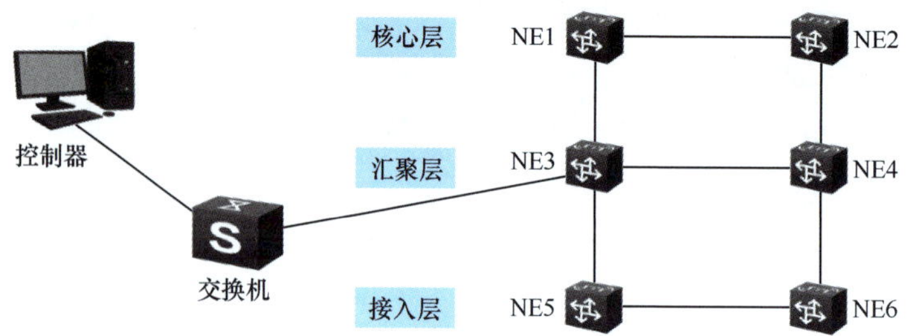

图4-26　NE2静态路由配置

项目解析

项目 5　5G 承载网测试与验收

承载网设备安装完成后，须通过网络管理系统远程管理承载网内的所有网元。本项目首先介绍 5G 承载设备开通的步骤，然后讲解主控单元的倒换测试方法，最后讲述工程验收方案及验收报告编写流程。

- 能够使用网络管理系统完成 5G 承载设备的开通。
- 能够完成 5G 承载网的可靠性倒换测试。
- 能够完成 5G 承载网的验收报告编写。

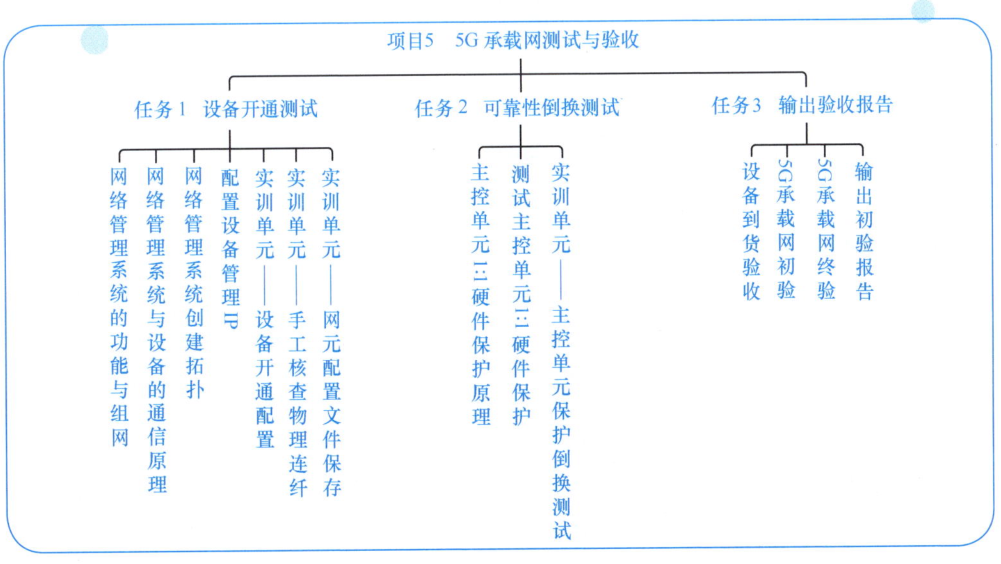

任务 1 设备开通测试

【任务前言】

完成设备安装后，工程进入设备开通阶段。现场设备成千上万，网络维护人员如何才能高效地完成开通工作呢？他们又如何使用网络管理系统对设备进行远程控制呢？网络管理系统又有哪些基本功能呢？带着这样的问题，我们进入本任务的学习。

【任务描述】

本任务首先阐述网络管理系统的功能和组网部署模式，接着介绍网络管理系统与设备通信的基本原理，然后描述如何通过网络管理系统开通设备，最后通过实训单元，学生可以掌握设备开通的基本技能。

【任务目标】

- 了解网络管理系统的基本功能和组网部署方案。
- 理解网络管理系统与设备之间的通信原理。
- 能够使用网络管理系统完成 5G 承载网设备的开通。

知识储备

5.1.1 网络管理系统的功能与组网

1 网络管理系统的功能

5G 承载网继承光传输网的运维方式，即采用图形化的网络管理系统（网络管理系统）对设备进行配置管理、拓扑管理、告警管理、性能管理和安全管理等工作。不仅如此，5G 承载网的网络管理系统是管控一体的网络融合管理系统，具备强大的网络管理、网络控制和智能运维分析等功能，在网络中的定位如图 5-1 所示。

5G 承载网网络管理系统通过标准的南向接口获取网络资源，并给设备提供控制指令，在网络状态发生改变时进行及时调整以保证业务正常。5G 承载网网络管理系统通过南向接口（与承载网设备通信的接口）向下管理和控制网络，实现资源管理、业务配置、保护恢复控制、运维分析等功能；5G 承载网网络管理系统向上开放北向接口，可与第三方控制器、运营支撑系统（OSS，Operation Support System）、业务支撑系统（BSS，Business Support System）以及业务协同器集成对接，支持应用层的快速定制开发。

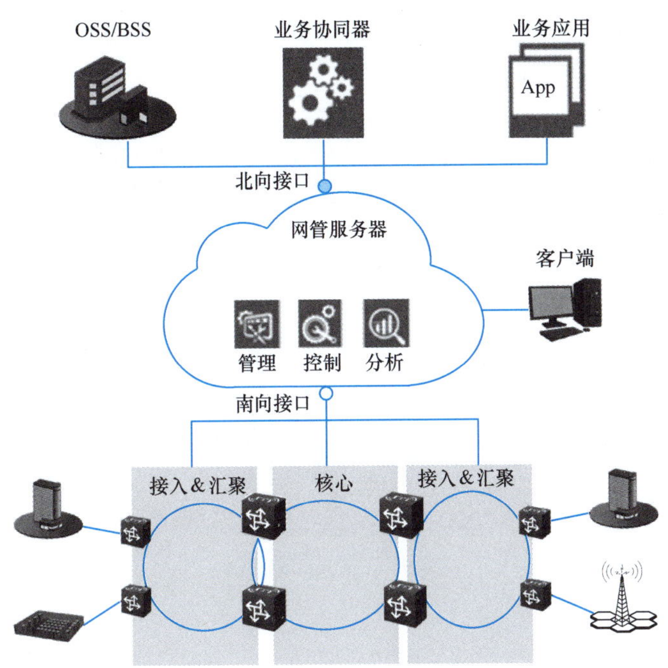

图5-1　网络管理服务器网络定位

网络管理系统一般至少包含以下功能。

（1）配置管理

网络管理系统具备强大的网元层、网络层管理功能，不仅可对单个网元进行 IP 地址、路由协议等基础配置，还可以基于网络拓扑进行 E2E（端到端）业务发放，实现业务配置的可视化。

在现网设备开通过程中，可通过命令行和网络管理系统两种方式完成对设备的配置，但在运营商的各专业的网络中，移动承载网的规模最大，可拥有上万个网元。对于如此“庞然大物”，图形化的网络管理系统显然更适合承载网的配置下发和整体运维，而命令行更适合故障的快速诊断。

网络维护人员通过网络管理系统进行设备的基础配置和业务配置，配置数据保存在服务器的数据库中。数据被激活后，通过南向接口下发到设备主控单元的文件管理系统中，形成设备的配置文件。主控单元的 CPU 运行配置文件，调动各个软件功能模块，将各种转发表项下发到业务单盘，从而实现业务的转发。

配置管理可分为以下两项。

① 网元配置

网元配置是对每个网元的基本属性、接口、IP、路由（静态、IS-IS 等）、其他协议（ARP、DHCP 等）和同步等方面的配置。

如图 5-2 所示，网元配置在网元管理器中。网元管理器以每个网元为操作对象，分别针对网元、单盘或端口进行分层配置、管理和维护。网元管理器采用操作树的方式，操作方便快捷。用户选择相应的操作对象，再在操作树中选择相应的功能节点，即可打开该功能的配置界面。

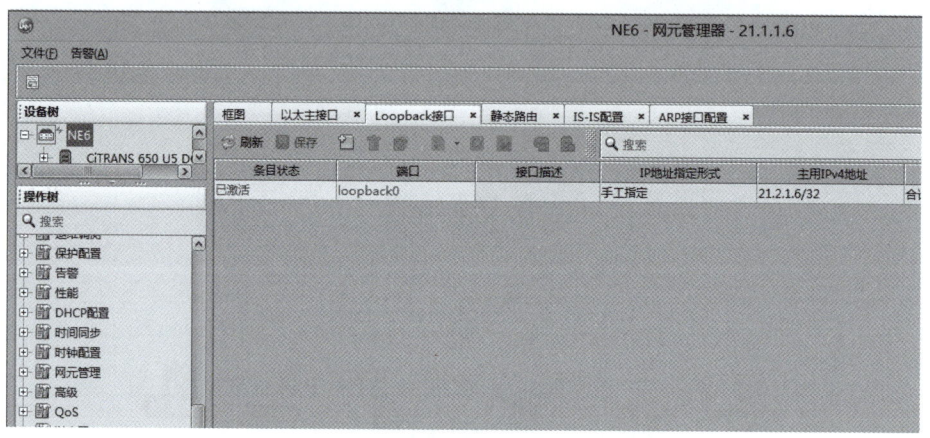

图5-2 网元配置界面

② 业务配置

业务配置是一种网络端到端的配置管理方式，可基于拓扑来配置 FlexE、MPLS 隧道和 VPN（虚拟专用网）等技术模块，如图 5-3 所示。其配置数据将被下发到若干个网元。与单个网元逐一配置的方式相比，业务配置操作更快、更方便。

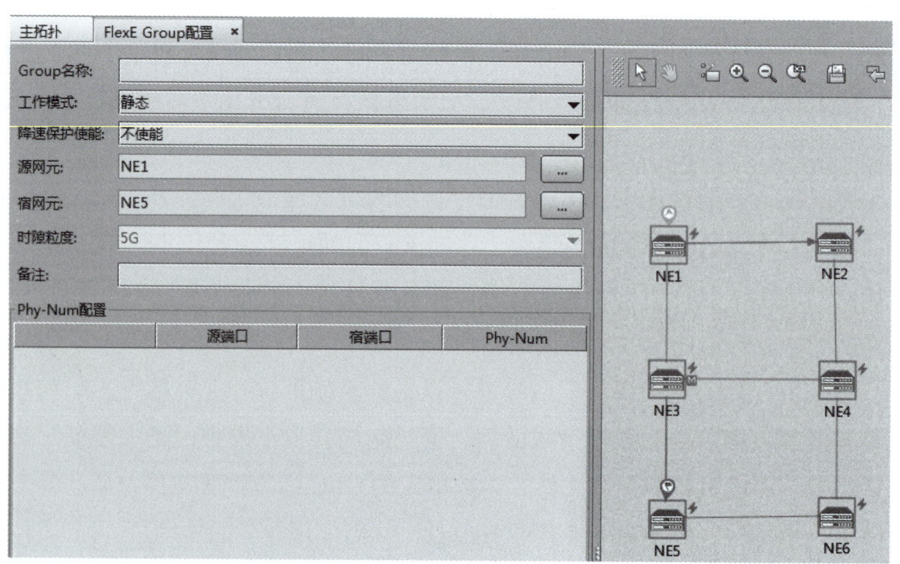

图5-3 业务配置中的FlexE配置界面

（2）拓扑管理

拓扑管理是指以拓扑图方式显示被管网元之间连接的状态，用户可通过浏览拓扑视图实时了解整个网络的组网情况和监控运行状态。

拓扑分类可以显示物理拓扑、L2Link 拓扑、L3Link 拓扑等，如图 5-4 所示。

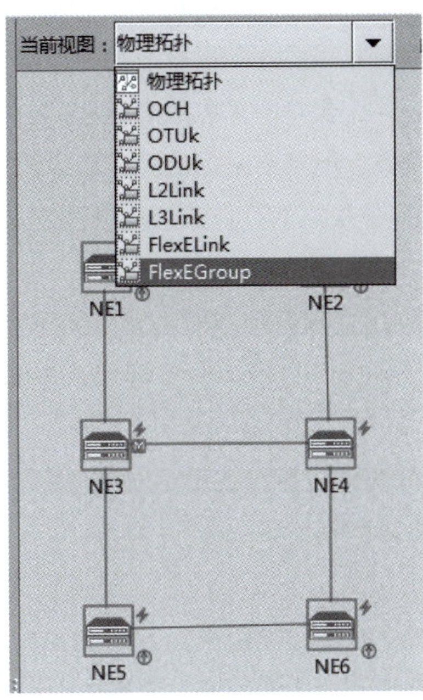

图5-4　拓扑分类显示

用户可同时将多个逻辑域、网元、连接设为过滤条件进行过滤，找出限定范围的拓扑，如图 5-5 所示。

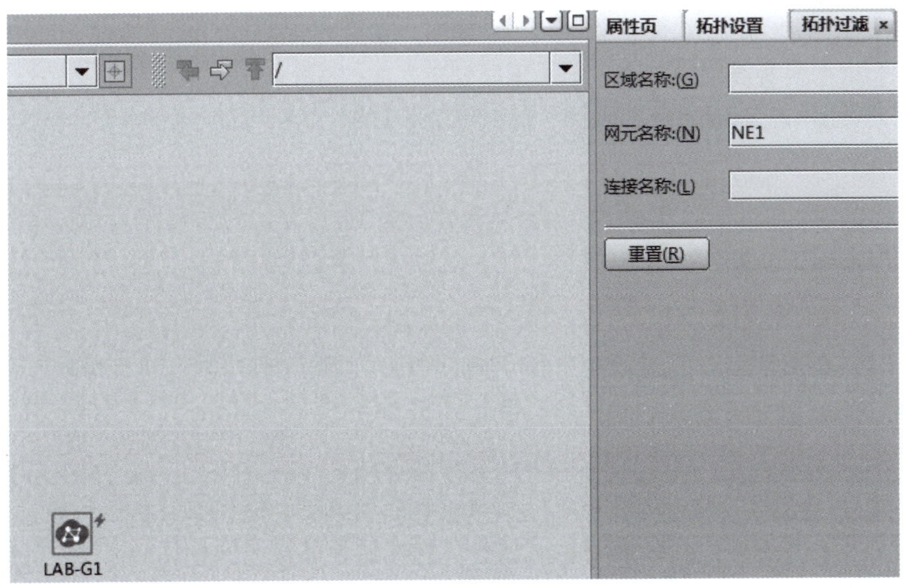

图5-5　拓扑过滤

（3）告警管理

告警管理可实时监测设备运行过程中产生的故障和异常，并提供告警的详细信息和分析手段，为快速定位故障、排除故障提供有力支持。

网络管理系统依据告警的严重程度和告警所处状态，可将告警进行分类。

网络管理系统依据告警的严重程度，将告警分为 4 个级别。

① 紧急告警：使业务中断并需要立即进行故障检修的告警。

② 主要告警：影响业务并需要立即采取故障检修的告警。

③ 次要告警：不影响业务，但需要采取故障检修以阻止故障恶化的告警。

④ 提示告警：不影响现有业务，但有可能成为影响业务的告警，可视需要检修故障。

网络管理系统依据告警所处状态，将告警分为以下 2 种。

① 当前告警。保存在网络管理系统当前告警数据库中的告警数据。相同对象多次产生的相同告警在当前告警中只显示为一条记录。查询每一条告警记录，可以查看告警日志。

② 历史告警。已清除的当前告警，在设定时延后，转为历史告警。历史告警将由当前告警数据转到历史告警数据库中。

告警显示是网络管理系统的一个重要功能，网络管理系统提供多种告警显示方式，以便及时将网络的运行情况通知给用户。

① 告警浏览。可以在网络管理系统窗口中浏览选中设备的当前告警及历史告警。通过查看告警的维护信息可以获取告警产生的原因、处理建议、维护经验等信息。通过查看告警详细信息可以获取告警名称、定位信息等。

② 告警板提示。在系统首页的告警板中，可以显示全网各级别当前告警的总数。

③ 告警声光提示。当设备有告警产生时，会有声音提示，同时其对应的告警指示灯会依据告警级别的不同显示为不同颜色。如图 5-6 所示，在实际的告警级别分类显示界面中，红色为紧急告警，橙色为主要告警，黄色为次要告警，蓝色为提示告警。

如图 5-6 所示，一共有 289 条紧急告警，而无其他级别的告警。

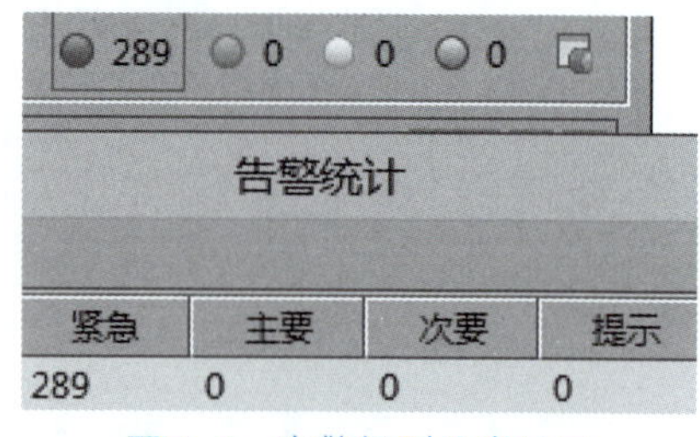

图5-6　告警级别分类显示

（4）性能管理

网络在正常运行的过程中，由于内部与外部环境的原因，可能会影响网络性能，引发网络故障。为保证当前网络拥有足够完善的性能，需要规划、监控与衡量网络效率，如吞吐率、利用率、错误率等指标。通过性能管理可以提前发现网络性能劣化的趋势，并在故障发生前消除这些隐患，规避网络故障风险。

在网络管理系统中可以显示以下信息。

① 当前性能：当前 15 分钟（如图 5-7 所示）、当前 24 小时（如图 5-8 所示）的性能数据。

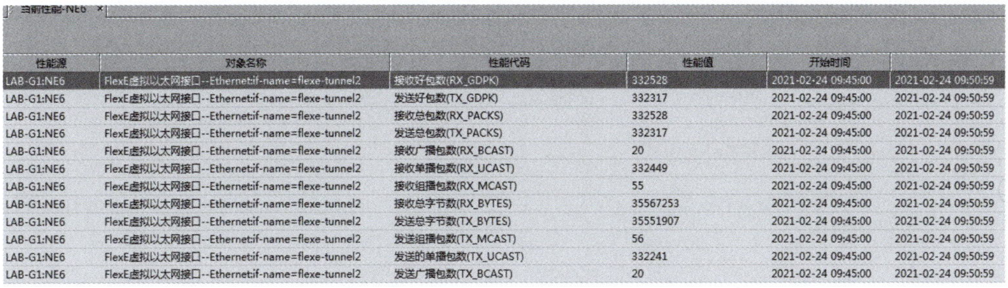

当前性能-NE6

性能源	对象名称	性能代码	性能值	开始时间	
LAB-G1:NE6	FlexE虚拟以太网接口--Ethernet:if-name=flexe-tunnel2	接收好包数(RX_GDPK)	332528	2021-02-24 09:45:00	2021-02-24 09:50:59
LAB-G1:NE6	FlexE虚拟以太网接口--Ethernet:if-name=flexe-tunnel2	发送好包数(TX_GDPK)	332317	2021-02-24 09:45:00	2021-02-24 09:50:59
LAB-G1:NE6	FlexE虚拟以太网接口--Ethernet:if-name=flexe-tunnel2	接收总包数(RX_PACKS)	332528	2021-02-24 09:45:00	2021-02-24 09:50:59
LAB-G1:NE6	FlexE虚拟以太网接口--Ethernet:if-name=flexe-tunnel2	发送总包数(TX_PACKS)	332317	2021-02-24 09:45:00	2021-02-24 09:50:59
LAB-G1:NE6	FlexE虚拟以太网接口--Ethernet:if-name=flexe-tunnel2	接收广播包数(RX_BCAST)	20	2021-02-24 09:45:00	2021-02-24 09:50:59
LAB-G1:NE6	FlexE虚拟以太网接口--Ethernet:if-name=flexe-tunnel2	接收单播包数(RX_UCAST)	332449	2021-02-24 09:45:00	2021-02-24 09:50:59
LAB-G1:NE6	FlexE虚拟以太网接口--Ethernet:if-name=flexe-tunnel2	接收组播包数(RX_MCAST)	55	2021-02-24 09:45:00	2021-02-24 09:50:59
LAB-G1:NE6	FlexE虚拟以太网接口--Ethernet:if-name=flexe-tunnel2	接收总字节数(RX_BYTES)	35567253	2021-02-24 09:45:00	2021-02-24 09:50:59
LAB-G1:NE6	FlexE虚拟以太网接口--Ethernet:if-name=flexe-tunnel2	发送总字节数(TX_BYTES)	35551907	2021-02-24 09:45:00	2021-02-24 09:50:59
LAB-G1:NE6	FlexE虚拟以太网接口--Ethernet:if-name=flexe-tunnel2	发送组播包数(TX_MCAST)	56	2021-02-24 09:45:00	2021-02-24 09:50:59
LAB-G1:NE6	FlexE虚拟以太网接口--Ethernet:if-name=flexe-tunnel2	发送的单播包数(TX_UCAST)	332241	2021-02-24 09:45:00	2021-02-24 09:50:59
LAB-G1:NE6	FlexE虚拟以太网接口--Ethernet:if-name=flexe-tunnel2	发送广播包数(TX_BCAST)	20	2021-02-24 09:45:00	2021-02-24 09:50:59

图5-7　当前15分钟性能数据举例

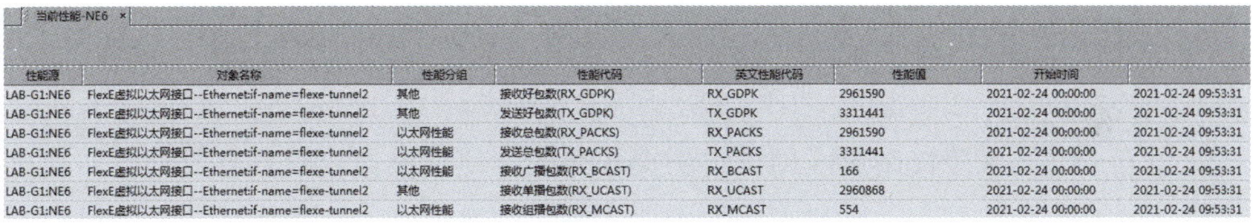

当前性能-NE6

性能源	对象名称	性能分组	性能代码	英文性能代码	性能值	开始时间	
LAB-G1:NE6	FlexE虚拟以太网接口--Ethernet:if-name=flexe-tunnel2	其他	接收好包数(RX_GDPK)	RX_GDPK	2961590	2021-02-24 00:00:00	2021-02-24 09:53:31
LAB-G1:NE6	FlexE虚拟以太网接口--Ethernet:if-name=flexe-tunnel2	其他	发送好包数(TX_GDPK)	TX_GDPK	3311441	2021-02-24 00:00:00	2021-02-24 09:53:31
LAB-G1:NE6	FlexE虚拟以太网接口--Ethernet:if-name=flexe-tunnel2	以太网性能	接收总包数(RX_PACKS)	RX_PACKS	2961590	2021-02-24 00:00:00	2021-02-24 09:53:31
LAB-G1:NE6	FlexE虚拟以太网接口--Ethernet:if-name=flexe-tunnel2	以太网性能	发送总包数(TX_PACKS)	TX_PACKS	3311441	2021-02-24 00:00:00	2021-02-24 09:53:31
LAB-G1:NE6	FlexE虚拟以太网接口--Ethernet:if-name=flexe-tunnel2	以太网性能	接收广播包数(RX_BCAST)	RX_BCAST	166	2021-02-24 00:00:00	2021-02-24 09:53:31
LAB-G1:NE6	FlexE虚拟以太网接口--Ethernet:if-name=flexe-tunnel2	其他	接收单播包数(RX_UCAST)	RX_UCAST	2960868	2021-02-24 00:00:00	2021-02-24 09:53:31
LAB-G1:NE6	FlexE虚拟以太网接口--Ethernet:if-name=flexe-tunnel2	以太网性能	接收组播包数(RX_MCAST)	RX_MCAST	554	2021-02-24 00:00:00	2021-02-24 09:53:31

图5-8　当前24小时性能数据举例

② 历史性能：根据设置的性能采集任务，将历史性能存储至专用的性能存储服务器。

用户通过分析性能数据，直观了解性能数据的变化情况，掌握网络运行情况及变化趋势，预防网络故障发生，合理优化网络。

（5）安全管理

安全管理的目的在于限制非法用户登录网络管理系统，以及限制合法用户在网络管理系统的非法操作，以保障网络安全运行。网络管理系统通过用户管理、分权分域管理、访问控制以及用户安全等一系列的安全策略，最大限度地保证网络安全。同时，对用户登录、用户操作和网络管理系统运行过程中产生的日志进行管理。

在规划网络管理系统的用户时，需要将合适的权限授予合适的用户，并约束用户在正确的场景下使用网络管理系统。

网络管理系统支持分权分域管理，只允许用户将所属域权限范围内的操作下发到网元。

① 分域：将整张网络中的网元（设备）划分到不同的域。通过授权用户或用户组的域权限，用户能够操作所属域中的网元。通过分域，可以实现不同运维部门的人员管理不同范围内的网元。如图 5-9 所示，通过分域的方式，将整个网络

拓扑分了 11 个逻辑域，包含 TEST、SPN201……SPN210。每个逻辑域管理若干个网元。

图5-9　分域管理举例

② 分权：设置授权用户或用户组的操作权限，使其操作权限具有差异性。通过分域基础上的分权，同一区域不同职责（岗位 / 运维部门）的管理人员对区域内管理对象的操作权限不同。如图 5-10 所示，通过分权的方式，admin 账号可管理全网对象，即所有的逻辑域。

图5-10　分权管理举例（1）

如图 5-11 所示，SPN201 账号只能管理逻辑域 SPN201。

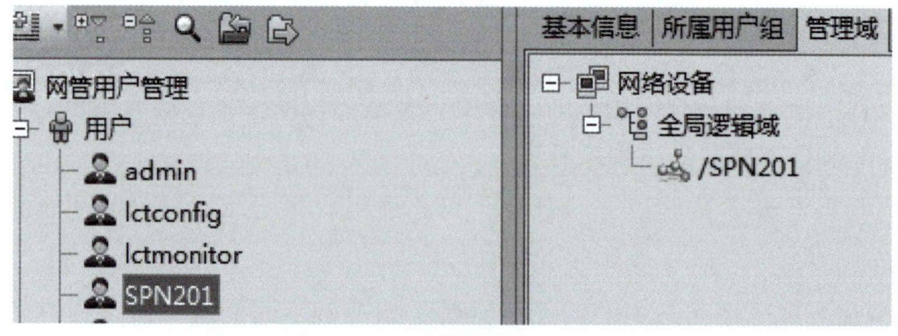

图5-11　分权管理举例（2）

如图 5-12 所示，用 SPN201 账号登录网络管理系统后，只能看到逻辑域 SPN201 下的拓扑（NE7 和 NE8）。

图5-12　分权管理举例（3）

2 网络管理系统部署模式

5G 承载网网络管理系统采用 C/S（Client/Server）结构，可选择物理机或虚拟机作为硬件平台。部署模式可分为如下两种。

（1）集中式部署

该模式只使用一个网络管理服务器，所有进程都在这个服务器上运行。集中模式采用多客户端、单服务器的组网方案。该模式适用于以下场景：用户与网络管理服务器、设备处于异地，或多个用户需要同时访问网络管理服务器。客户端必须通过访问服务器的数据库来行使网络管理系统的各种功能。在客户端的操作等同于在其所连服务器上的操作。

如图 5-13 所示，服务器需至少具备两块硬件网卡。

① 数据库网卡。该网卡与数据库软件捆绑。客户端的网卡与服务器的数据库网卡之间通过互联网或者运营商私网互联。客户端通过访问服务器的数据库网卡 IP 来调用服务器的数据库资源。因此，可实现多人通过不同的客户端同时对网络进行查询和配置等操作。此外，当多客户端配置的数据参数出现冲突时，网络管理系统会弹出提示。

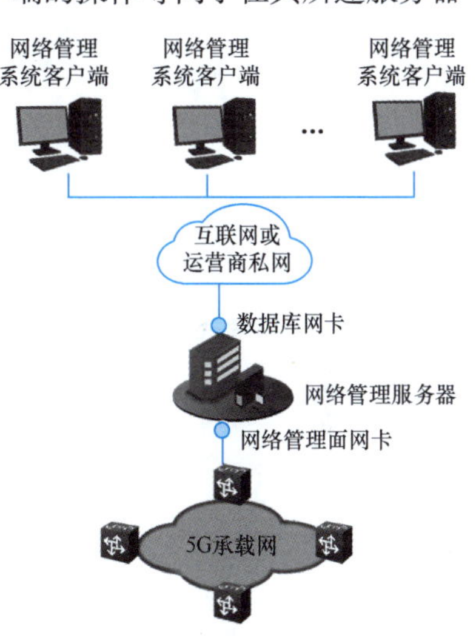

图5-13　集中式部署模式

② 网络管理面网卡。该网卡与网络管理系统的管理程序绑定。网元的管理 IP 与服务器的管理面网卡之间通过外部数据通信网络（DCN，Data Communication Network）相连或物理直连。服务器通过访问设备的管理 IP 执行告警查询、性能查询、配置下发等操作。设备通过访问服务器的管理面网卡 IP，实现告警上报。虽然该方案简单、成本较低，但是不具备高可靠性，对于风险的抵抗能力较低，因此，仅适用于早期的移动承载网。

（2）分布式部署

在分布式部署模式中，由多个服务器共同实现网络管理服务器端的功能。

如图 5-14 所示，网络管理服务可以部署到不同的服务器中，其中数据采集、告警、性能、事件、对象访问、业务配置等压力较大的服务支持多实例配置，并分布在多个服务器上。例如，图 5-14 中的 PAS（Performance Analyse System）服务器用来存储历史性能，北向服务器用于与运营商的 OSS、综合网络管理系统、控制器等通信。该模式可使网络管理系统的服务负载均衡，并增加管理容量，从而提高网络管理系统的性能，突破大容量下单个服务的性能瓶颈。

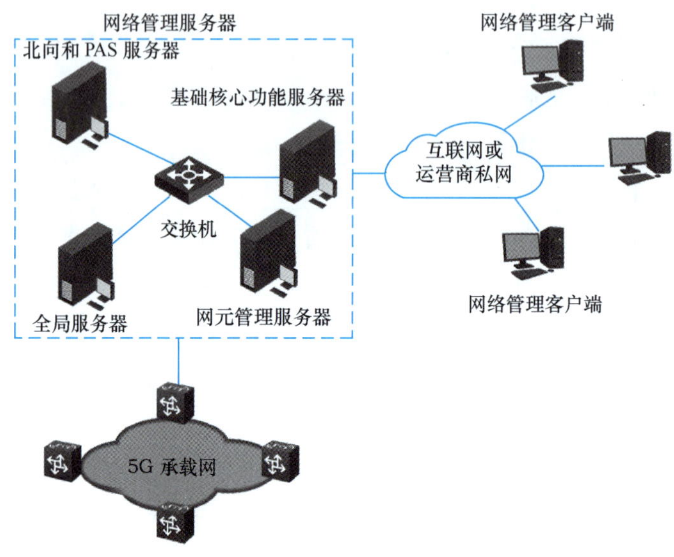

图5-14　分布式部署模式

5.1.2　网络管理系统与设备的通信原理

通信设备通常分散在各个站点，其覆盖范围从几十千米到几千千米，网络维护人员需要对分散到各地的设备进行集中管理。通过数据通信网（DCN，Data Communication Network）在网管中心就能完成对各个设备的统一管理和运维，从而降低管理成本，提升管理效率。

DCN 是指网络管理系统和网元（NE，Network Element）传送管理信息的网络。借助 DCN，网络管理系统通过南向接口与设备对接。

接下来，将介绍一些 DCN 相关的基本概念：

1 内部 DCN 和外部 DCN

如图 5-15 所示，根据 DCN 在通信网络中所处的位置不同，可将 DCN 分为内部 DCN 和外部 DCN。操作维护中心（OMC，Operation and Maintenance Center）即网络管理服务器所在的运营商网管中心或核心机房。

（1）内部 DCN

5G 承载网网元之间的 DCN 被称为内部 DCN。

内部 DCN 通常利用网元间的业务通道来传送网络管理信息和控制信息。网元间网络侧互联接口既传递业务报文，又传递 DCN 报文。这种网络管理系统与设备通信的方式被称为带内网络管理。

如图 5-16 所示，为了区分业务报文和 DCN 报文，5G 承载网设备定义 NNI 上的 VLAN 4093 子接口传递 DCN 报文，该子接口属于 DCN 接口，而 NNI 主接口用来传递 5G 业务流和协议报文（如 IS-IS、PCEP 等协议）。通过 VLAN 4093 子接口构建的逻辑拓扑组成内部 DCN。

承载网设备将 Loopback 1020 接口作为网元管理面 IP。利用 Loopback 接口的永久连接正常（UP）特性可以确保网络管理系统对设备的监控更稳定。一般 Loopback 1020 接口 IP 的掩码为 32 位，因此，任意两个设备的网元管理面 IP 不在同一网段。承载网设备通过内部 DCN 实现彼此间 Loopback 1020 接口的 IP 连通性。

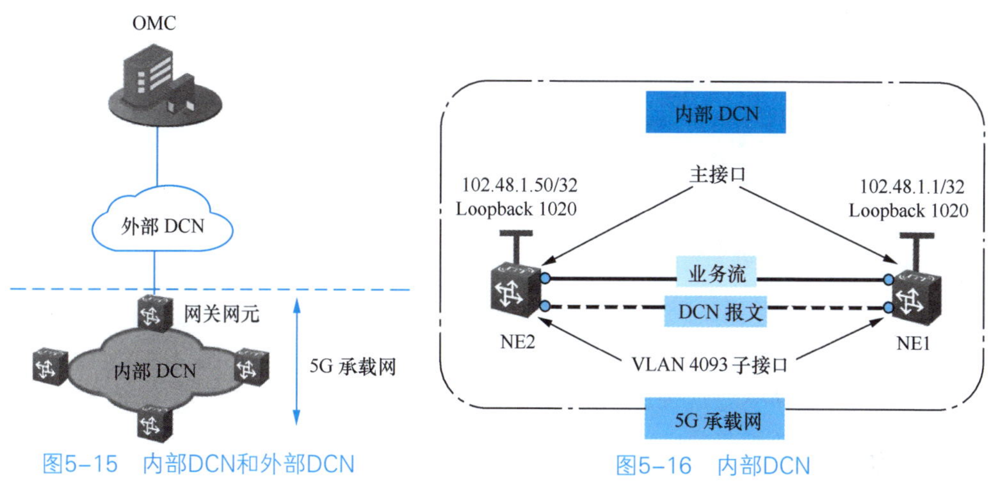

图5-15　内部DCN和外部DCN

图5-16　内部DCN

（2）外部 DCN

OMC 和 5G 承载网网关网元（外部 DCN 接入站点）之间的 DCN 称为外部 DCN。当网络管理系统与网关网元不在同一机房站点时，须借用外部 DCN 传递监控信息。

外部 DCN 大多由路由器、交换机等设备互连构成。一般情况下，网络管理系统的网络管理面网卡 IP 与设备的 Loopback 1020 接口 IP 不在同一网段，网络管理系统、外部 DCN 与设备之间的通信通常需要配置静态路由。

2 网关网元与非网关网元

（1）网关网元

由于 5G 承载网内的网元个数较多，每一个网元不可能都和网络管理系统直连，也不可能都和外部 DCN 互连，这样会浪费大量的端口资源。网络管理系统访问的首跳承载网网元被命名为该承载网的网关网元（GNE，Gateway NE）。

网络管理系统和 GNE 之间三层路由可达，可以建立 TCP（传输控制协议）连接，网络管理系统应用层可以直接和 GNE 的应用层建立通信。

如图 5-17 所示，左边为“有外部 DCN”的场景，GNE 一般使用“管理网口”（F 口）或“业务端口”与外部 DCN 相连。右边为“无外部 DCN”的场景，GNE 的 F 口与网管通过网线或二层交换机直连。

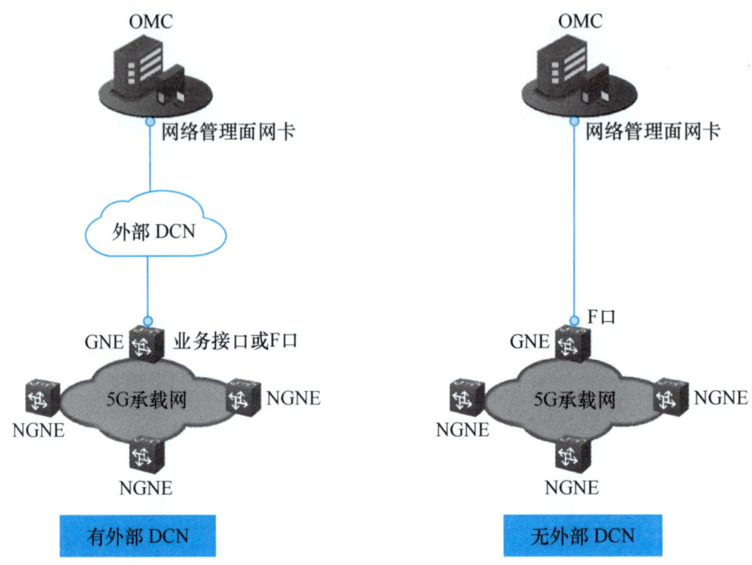

图5-17　GNE和NGNE

（2）非网关网元

网络管理系统不能直接访问的网元被称作非网关网元（NGNE，Non-Gateway NE）。GNE 作为承载网的出口，负责中转所有 NGNE 网元与网络管理系统之间的 DCN 报文。

如前面所述，NGNE 一般使用“业务端口的 VLAN 4093 子接口”与 GNE 建立 DCN 连接。NGNE 和 NGNE 之间也通过“业务端口 VLAN 4093 子接口”连接。

3 网络管理系统与设备通信机制

如前面所述，网络管理服务器与 GNE 之间可以是直连的，也可以通过外部 DCN 连接。下面仅介绍直连（“无外部 DCN”）场景。

如图 5-18 所示，服务器的管理面网卡与 5G 承载网的 GNE 的 F 口之间是网线直连的。服务器管理面网卡 IP 与 GNE 的 F 口 IP 在同一网段，但是设备的 Loopback 1020 接口 IP 为 32 位的掩码，即任意两个设备的网元管理面 IP 不在同一网段。因此，服务器的管理面网卡 IP 和网元的 Loopback 1020 接口 IP 不在同一网段，它们之间的通信属于跨网段的通信。网络管理系统可以通过访问设备的 Loopback 1020 接口 IP 来管理设备。

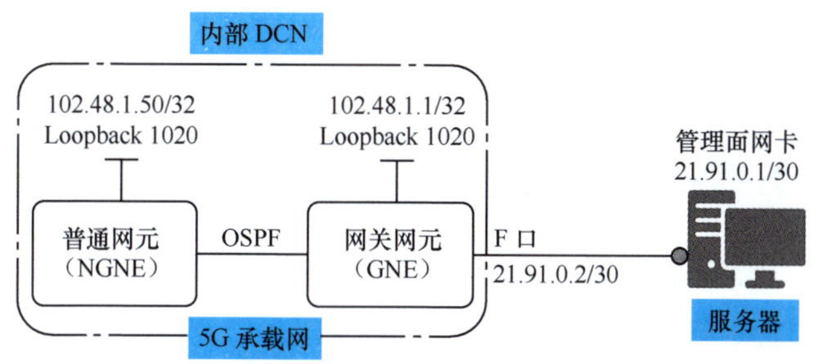

图5-18　网络管理系统与设备通信机制

网络管理系统与设备之间的跨网段通信是如何实现的呢？

在 5G 承载网内部，GNE 和相邻 NGNE 通过光纤互连，并自动形成开放式最短路径优先（OSPF，Open Shortest Path First）邻居关系。OSPF 是一种动态路由协议，设备主控单元的管理面自动运行该协议。GNE 与 NGNE、NGNE 与 NGNE 之间通过 OSPF 协议交换路由前缀信息。在同一个路由域内，每个网元均能学习到其他网元的 Loopback 1020 接口的 IP 地址路由，并将其存储到本地的 OSPF 路由表中（管理面路由表）。

在服务器上配置静态路由（102.48.1.0/24），使其下一跳为 GNE 的 F 口 IP 地址。

服务器访问 NGNE（102.48.1.50），其 DCN 报文经历的流程如下。

（1）服务器查询本地 IP 路由表，发现无匹配 102.48.1.50 的明细路由，但是有一条静态的聚合路由可使用，于是根据静态路由的指示将 DCN 报文发送给 GNE（21.91.0.2）。

（2）GNE 收到 DCN 报文后，经过 TCP/IP 的解封装，发现目的 IP 为 102.48.1.50，不是自己的 IP，便查询管理面的路由表，发现有匹配 102.47.1.50 的路由，其下一跳为 102.48.1.50，出接口为互联的 DCN 接口。于是 GNE 将 DCN 报文从该出接口发送出去。

（3）NGNE 收到 DCN 报文后，经过 TCP/IP 的解封装，发现目的 IP 为 102.48.1.50，是自己的网元管理 IP，上送主控单元的 CPU 处理。

NGNE 访问服务器（21.91.0.1），其 DCN 报文经历的流程如下。

（1）NGNE 查询管理面路由表，发现有匹配 21.91.0.1 的明细路由，下一跳为 102.48.1.1，出接口为互联的 DCN 接口，于是 NGNE 将 DCN 报文从该出接口发送出去。

（2）GNE 收到 DCN 报文后，经过 TCP/IP 的解封装，发现目的 IP 为 21.91.0.1，不是自己的 IP，便查询管理面路由表，发现有匹配 21.91.0.1 的路由，下一跳为 21.91.0.1，出接口为 F 口。于是 GNE 将 DCN 报文从该出接口发送出去。

（3）服务器收到 DCN 报文后，经过 TCP/IP 的解封装，发现目的 IP 为 21.91.0.1，是自己的管理面网卡 IP 地址，将报文上送应用层的网管程序处理。

【任务实施】

5.1.3 网络管理系统创建拓扑

创建网络拓扑是按照工程实际组网情况，在网络管理系统配置设备组网数据，以便通过网络管理系统对设备进行配置和管理。

❶ 检查网络管理系统进程服务

只有网络管理系统相关进程服务启动正常，才能确保网络管理系统正常启动。单击“开始”→“管理工具”→“服务”。如图 5-19 所示，查看网络管理服务器主机的服务是否启动：“UnmBus”“UNMCMAgent”“UNMCMService”“UnmNode1”“UnmPasNode”和“UnmServiceMonitor”。

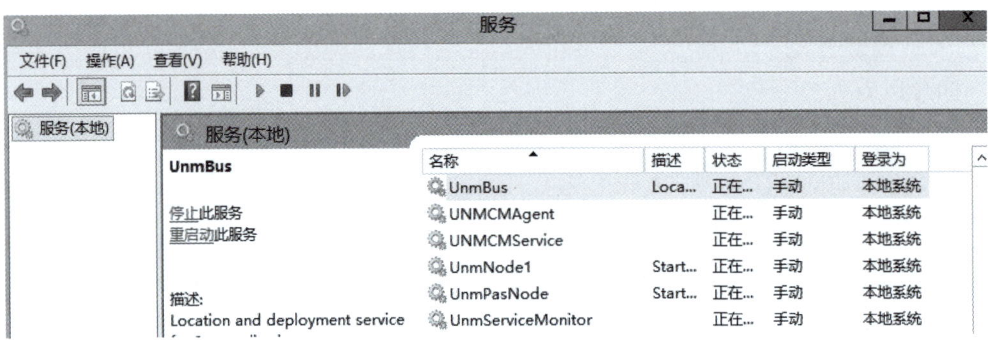

图5-19 服务器上的网络管理系统相关服务

注意：不需要在网络管理系统的客户端主机上安装网络管理系统相关服务。

❷ 登录网络管理系统

（1）双击网络管理服务器桌面上的图标。

（2）输入用户名和密码。

（3）设置服务器：填入网络管理服务器数据库网卡 IP。

❸ 配置管理程序

正确配置管理程序才能使网络管理系统正常监控设备，如图 5-20 所示。

管理程序列表 搜索

管理程序名	设备管理IP	服务实例名	协议	管理程序类型	服务状态
manager_1_otnm	21.109.1.112	otnm_manager-1	UDP	传输	在线

图5-20 配置管理程序

设备管理 IP：服务器连接设备的管理面网卡 IP。

4 创建逻辑域

为方便管理，用户可以创建逻辑域（自定义一个便于管理网元的逻辑区域），后续在逻辑域中创建网元，则可将同一地区或属性相似的网元对象放到同一个逻辑域中进行管理。

逻辑域即一系列网元的集合，逻辑域下面可以嵌套逻辑域，例如，以地名“北京”创建一个逻辑域，逻辑域“北京”下面又可创建子逻辑域“一区”“二区”等，如图 5-21 所示。

后续可以基于逻辑域进行拓扑查看、告警查询等操作。

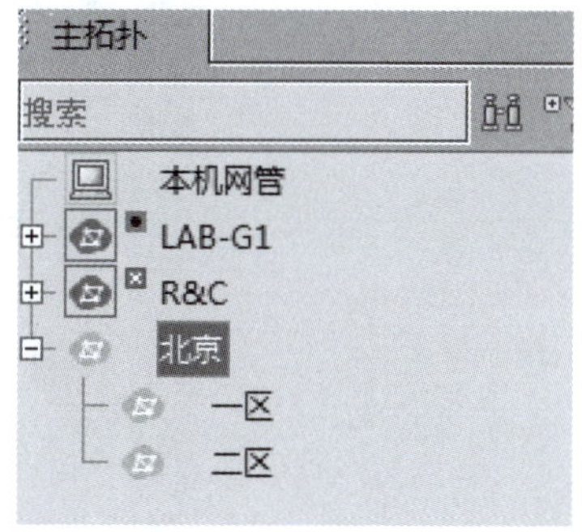

图5-21　逻辑域示意

5 创建网元

在网络管理系统中管理实际设备时，必须先在网络管理系统中创建各设备对应的网元，网元涉及的参数包括与设备匹配的网元类型、子框类型、网元名称、IP 地址等。

网元类型和子框类型：须选择 5G 承载网设备。

网元名称：根据现网机房站点进行命名。

IP 地址：填写网元管理面 IP 地址，即网元的 Loopback 1020 接口 IP 地址，掩码为 32 位。

需要注意的是，网元名称要求体现机房位置信息，且要求在同一网络管理系统的数据库内唯一，如“设备编号—机房名称—网络层次—设备型号”。例如，某逻辑域下有一个新建网元，名称为“1000—金融街—接入—650U5”，即表明其设备编号为 1000（第 1000 台入网的设备），机房名称为金融街，网络层次为接入，设备型号为 650U5。

6 配置机盘

为了管理工程中的实际机盘，必须在网络管理系统添加机盘（主要指业务盘）。如图 5-22 所示，网元创建后，网络管理系统的设备框图里仅有主控单元。

添加机盘有“手动添加”和“自动发现”两种方式。

一般工程上采用“自动发现”的方式，前提条件是网络管理系统能够 Ping 通网元的管理 IP 地址。通过“检测物理配置”对网元的槽位进行轮询。待检测完成后，检测结果显示设备上实际所插与网络管理系统配置的单盘类型有差异，通过“同步”操作新增网络管理系统的机盘配置。

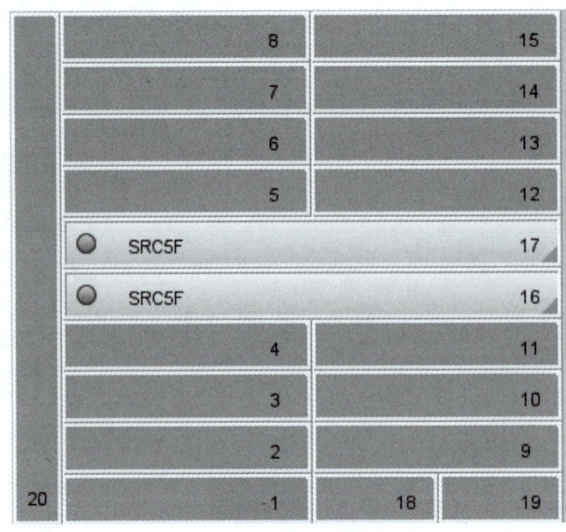

图5-22　未配置机盘的设备框图

如果是“手动添加”，须根据工程上机盘的实际配置选择槽位和机盘类型。如图 5-23 所示，完成机盘配置后，设备框图的某些槽位出现相应的机盘。

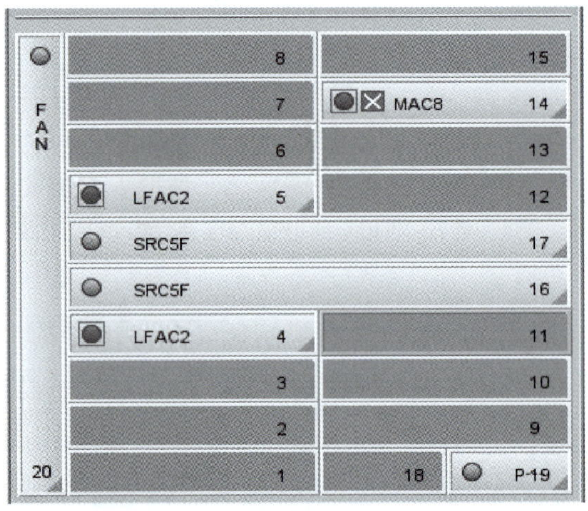

图5-23　配置机盘后的设备框图

7 配置拓扑连线

根据网元实际连线情况建立网元间的连接，后续创建业务时将依据此连接进行业务路径规划。配置拓扑连线可选“手动添加”和“自动发现”两种方式。前者在设备脱管/上管的情况下均可执行，后者须在设备上管且实际物理连纤已完成的情况下执行。

5.1.4　配置设备管理 IP

承载网设备在出厂时拥有唯一的 12 位 SN 码（Serial Number），SN 码在设备出厂时已被下载至设备内，同时也会被粘贴到子框表面某处，因此，SN 码相当于设备的硬件地址（类似于计算机的 MAC 地址）。网元管理 IP 和设备 SN 码一样，都是全网唯一的，保证了内部 DCN 的路由稳定性。

首先，网络管理人员在网络管理系统为每个设备设定一个 Loopback 1020 接口 IP，然后查询到设备的 SN 码，将该 IP 与 SN 码进行绑定，并将绑定关系通过 DCN 报文下发给设备。设备收到 DCN 报文后，如果发现报文里 SN 码为自己的，便修改自己的 Loopback 1020 接口 IP 为网络管理系统下发的网元管理 IP。这样每个网元的网元管理 IP 就设置成功了，随后网络管理系统可以通过访问设备的 Loopback 1020 接口 IP 完成告警、性能查询和配置下发等工作。

配置网元 IP 地址有本地和远程两种方式：与网络管理系统直连的网元可以使用"配置本地网元 IP"的方式；未与网管直连的网元可以使用"配置远程网元 IP"的方式。

接下来，以图 5-24 为例，介绍相关概念。

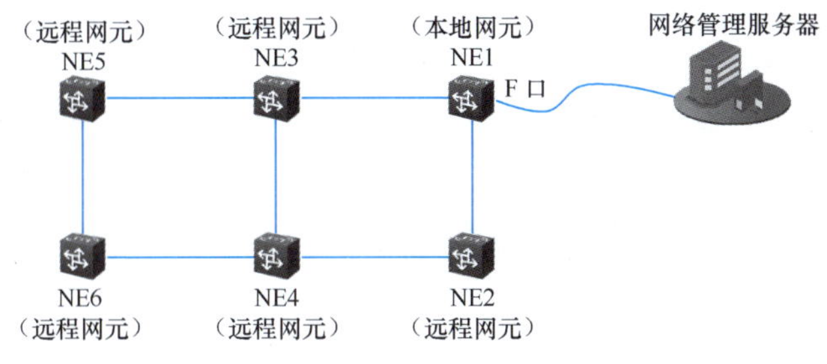

图5-24　本地网元与远程网元

（1）本地网元：指通过网线直接与网络管理系统连接的网元（连接端口为 F 口），如图 5-24 中的 NE1。

（2）远程网元：指与网络管理系统非直连的网元，如图 5-24 中的 NE2 ~ NE6。

（3）源网元：已经被网络管理系统监控的网元 A 通过 SN 码发现了网元 B，则 A 为 B 的源网元。

（4）相邻网元：是指与源网元存在光路连接或网线连接的网元，中间不经过其他网元。例如，如果 NE1 先被网络管理系统监控，则 NE1 可以作为源网元，发现相邻网元 NE2 和 NE3。接着，如果 NE3 已被网络管理系统监控，则可作为源网元，发现相邻网元 NE4 和 NE5。同理，如果 NE4 比 NE3 先被网络管理系统监控，NE2 比 NE4 先被网络管理系统监控，则 NE4 可以作为源网元，发现相邻网元 NE3 和 NE6。

在网络管理系统中，配置设备管理 IP 的流程如下。

步骤 1：配置本地网元的 IP 地址

将网络管理系统与 NE1 直连，网络管理系统获取本地网元 NE1 的 SN 码，通过网络管理系统完成 IP 地址配置后，将 SN 码与 IP 地址的对应关系下载到本地网元。若能正常 Ping 通网元的 IP 地址，则表示该网元配置成功。

步骤 2：配置远程网元的 IP 地址

在某网元 IP 配置完成并与网络管理系统正常通信后，即可将其作为源网元，继续完成其相邻网元的 IP 配置，从而完成全网的 IP 配置。

本地网元 NE1 的 IP 配置成功后，通过 NE1 发现相邻网元 NE2、NE3 的 SN 码，对相邻网元进行 IP 地址配置后，将 SN 码与 IP 地址的对应关系下载到相邻网元。

重复进行步骤 2，直至发现所有网元，完成全网网元的 IP 配置。

若能正常 Ping 通远程网元的 IP 地址，则表示该网元配置成功。

步骤 3：校时

全网的网元 IP 配置成功后，需要在网络管理系统执行校时操作（同步网络管理系统与网元的时间），才能正常监控并管理所有网元及其单盘。

1. 简述网络管理系统的基本功能和部署模式。
2. 简述网络管理系统与设备通信的原理。

5.1.5 实训单元——设备开通配置

熟悉设备开通的流程和步骤，掌握设备开通的方法。

基于实训环境，完成承载网设备的开通操作。

1. 实训环境准备

（1）6 个承载网设备组成核心层、汇聚层、接入层；一台二层交换机；网络管理服务器主机、客户端主机。

（2）软件：承载网设备网络管理软件。

2. 相关知识点要求

（1）IP 地址和子网掩码的概念。

（2）5G 承载网设备硬件知识、网络管理系统功能、网络管理系统与设备通信原理。

实训步骤

1. 网络管理系统登录和网元创建。
2. 配置网元管理 IP。
3. 通过 Telnet 方式登录设备。
4. 同步设备物理板卡。
5. 对设备校时。

评定标准

1. 全部网元能被网络管理系统监控，网络管理系统能 Ping 通每个网元，网络管理系统能显示网元的告警、性能和状态。

2. 网络管理系统中各网元的板卡配置与设备面板上的实际配置一致。

实训小结

实训中的问题：____

____

____

问题分析：____

____

____

问题解决方案：____

____

____

思考与拓展

1. 本地网元和远程网元管理 IP 的配置方法有什么不同？

2. 如果网络管理系统显示的板卡与设备面板上的实际配置不一致，应如何解决？

5.1.6 实训单元——手工核查物理连纤

熟悉人工排查网元之间实际物理连纤的方法，掌握网络管理系统手动连纤的方法。

基于实训环境，手工核查网络管理系统与设备物理连纤的一致性。

1. 实训环境准备
   （1）6 个承载网设备组成核心层、汇聚层、接入层；一台二层交换机；网络管理服务器主机、客户端主机。
   （2）软件：承载网设备网络管理软件。
2. 相关知识点要求
   5G 承载网设备硬件知识、网络管理系统功能、网络管理系统与设备通信原理。

实训步骤

1. 通过 Telnet 方式登录设备。
2. 查看 OSPF 邻居关系。
3. 通过网络管理系统手动添加连纤。

评定标准

1. 手工核查物理连纤的结果完全正确。
2. 网络管理系统网元之间的连纤配置与设备面板上的实际配置一致。

实训小结

实训中的问题：______________________________

____

____

问题分析：____

____

____

问题解决方案：____

____

____

思考与拓展

1. 通过什么命令能显示网元之间的 OSPF 邻居关系？
2. 为什么根据网元之间 OSPF 邻居关系能确定设备之间的物理连纤？

5.1.7 实训单元——网元配置文件保存

熟练掌握保存网元配置文件及设置网元启动文件的方法。

基于实训环境，完成配置文件的备份和启动文件的设置。

实训准备

1. 实训环境准备

（1）6 个承载网设备组成核心层、汇聚层、接入层；一台二层交换机；网络管理服务器主机、客户端主机。

（2）软件：承载网设备网络管理软件。

2. 相关知识点要求

5G 承载网设备硬件、网络管理系统功能。

实训步骤

1. 登录网络管理系统。
2. 保存网元配置。
3. 设置网元启动配置文件。

评定标准

1. 成功保存各网元的配置文件，并且命名正确。
2. 成功设置各网元下次启动的配置文件。

实训小结

实训中的问题：____

____

____

问题分析：____

____

____

问题解决方案：____

____

____

思考与拓展

1. “本次启动的配置文件”和“下次启动的配置文件”的概念有什么区别？

2. 设置下次启动配置文件后，执行了主控单元的主备倒换是否会对此配置结果产生影响？请结合任务 2 的实训单元进行验证。

任务 2 可靠性倒换测试

【任务前言】

由于与其他通信网络相比，5G 承载网规模更大，维护难度也更大，且 5G 业务对网络可靠性的要求也更高。因此，在设备开通和业务加载之后，网络维护人员应定期对承载网进行倒换测试，防网络故障隐患于未然。

【任务描述】

本任务主要介绍承载网设备主控单元 1∶1 硬件保护的原理和倒换测试方法，并通过实训单元，学生能够掌握可靠性倒换测试的相关技能。

【任务目标】

- 了解主控单元 1∶1 硬件保护的技术原理。
- 能够用网络管理系统完成承载网设备主控单元的 1∶1 保护倒换测试。

知识储备

5.2.1 主控单元 1∶1 硬件保护原理

当设备正常运行时，设备有两块主控板卡（一主一备），仅主用盘的主控单元工作，备用盘的主控单元处于热备份状态。若满足倒换触发条件，主用盘无法工作，则倒换命令将通过盘间通信被发送给备用盘，备用盘切换为主用状态，以保证设备正常运行，此保护被称为主控单元的 1∶1 保护或 1∶1 冗余备份。

主用盘是处于工作（Primary）状态的机盘，备用盘是处于备用（Backup）状态的机盘。主、备用盘的状态可以通过面板的相应指示灯来判断，也可以通过网络管理系统获知。

主备倒换的倒换触发条件如下（满足一条即可）。

（1）主用盘硬件或软件发生故障。

（2）主用盘被人为拔出。

（3）主用盘硬复位：在面板上按下“Reset”键。

（4）人为下发倒换命令：强制倒换或人工倒换。

（5）在主用盘面板上按下“SW”键。

该保护为非返回式的保护，即当原主用盘故障解除后，原主用盘也只能进入备用状态，不会抢占当前主用盘的工作状态，除非触发新的主备倒换。

为了保证备用盘切换为工作状态时能正常工作，必须使其与主用盘进行配置数据同步。备用主控单元上电后，会自动与主用主控单元进行配置数据同步。只有备用主控单元与主用主控单元之间的配置数据同步完成后，主控单元的 1∶1 保护才能生效。配置数据同步期间，手动的主备切换（包括控制命令切换、面板按键切换）操作无效。

5.2.2 测试主控单元 1∶1 硬件保护

5G 承载网设备均支持安装两块主控单元，当满足倒换触发条件时，备用盘将取代原主用盘进入工作状态。

人为触发主控单元 1∶1 硬件保护倒换，主要有以下两种方式。

（1）使用主用盘面板上的“SW”按钮，使主用盘切换为备用。

（2）通过网络管理系统下发倒换命令。

本书仅介绍第二种方式。

在测试前，先通过网络管理系统或设备面板指示灯确认主控单元的主、备用槽位。如图 5-25 所示，17 槽位的主控单元为主用，16 槽位的主控单元为备用。

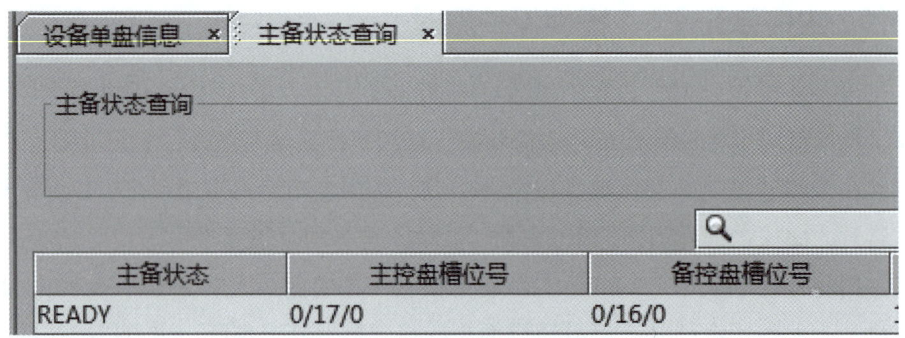

图5-25　倒换前的主备状态查询

进入网络管理系统，针对某网元，当主备状态显示为 READY 时，通过“主控盘盘保护软切换控制命令”执行倒换操作，如图 5-26 所示。

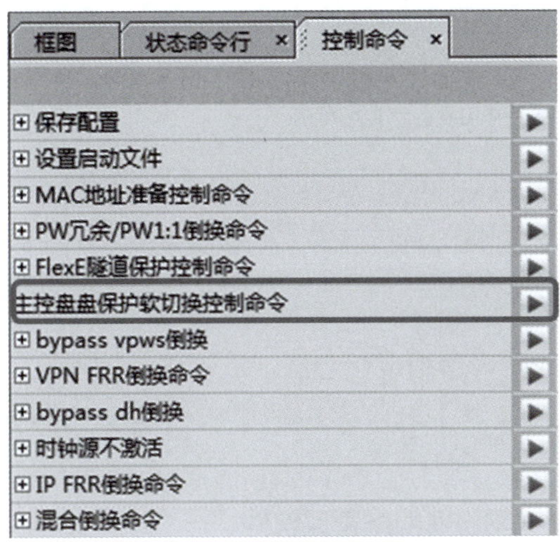

图5-26　主控盘盘保护软切换控制命令

查看主控单元主备状态。由于主备切换，原主用盘的进程会复位，因此，需要等待一段时间再查看倒换后的状态。如图 5-27 所示，当前 16 槽位的主控单元为主用，17 槽位的主控单元为备用，说明倒换成功；“主备状态”显示为 READY，说明倒换完成。

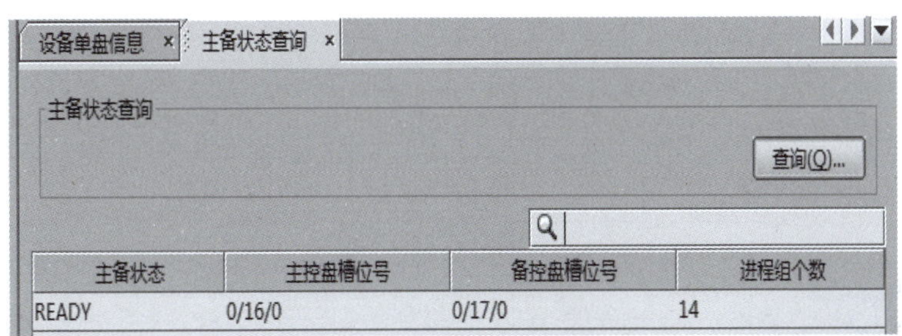

图5-27　倒换后的主备状态查询

请简述主控单元 1 ∶ 1 硬件保护的原理和倒换测试方法。

5.2.3　实训单元——主控单元保护倒换测试

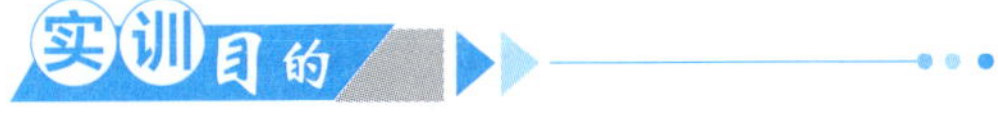

熟悉 5G 承载设备主控单元倒换测试的流程和步骤，掌握主控单元倒换测试的方法。

完成 5G 承载设备主控单元的倒换测试。

1. 实训环境准备

（1）6 个承载网设备组成核心层、汇聚层、接入层；一台二层交换机；网络管理服务器主机、客户端主机。至少一台承载网设备具备两块主控单元。

（2）软件：承载网设备网络管理软件。

2. 相关知识点要求

（1）5G 承载网设备硬件架构。

（2）主控单元 1：1 硬件保护原理。

1. 确认倒换前的主备状态。
2. 执行倒换操作。
3. 确认倒换结果。

通过网络管理系统下发命令，成功完成一个网元的主控单元倒换操作。

实训小结

实训中的问题：______________________________

____

____

问题分析：______________________________

____

____

问题解决方案：____

____

____

1. 主控单元的倒换触发条件有哪些？
2. 执行主控单元倒换必须具备哪些前提条件？

任务 3 输出验收报告

【任务前言】

网络的验收是用户对网络施工工作的认可，主要内容是检查网络系统是否符合设计要求和相关规范，验收工作体现于网络施工的全过程。那么网络验收具体是怎么实施的呢？输出的验收报告包括哪些内容呢？带着这样的问题，我们进入本任务的学习。

【任务描述】

本任务主要介绍 5G 承载网验收的几个阶段以及各个阶段验收的主要内容，以帮助学员更好地完成 5G 承载网的建设工作。

【任务目标】

- 能够完成 5G 承载网设备的到货验收。
- 能够完成 5G 承载网的初验。
- 能够完成 5G 承载网的终验。

【任务实施】

5.3.1 设备到货验收

一般情况下，设备厂商会提供一份验收清单。验收时应妥善保存设备的随机文档、质保单和说明书，软件和驱动程序应单独存放于安全的地方，便于日后使用。

此项验收也称为硬件设备到货的开箱验收或单独购买系统软件时的开包验收，验收的主要内容如下。

（1）检验到货的硬件设备和单独购买的软件的货号及数量是否符合设备定货清单。

（2）检验到货的设备硬件是否损坏，软件是否为合同指定版本。

（3）检验按合同定购的设备及软件是否按时到货。

验收的结果中应该提供一份由参与验收的用户、设备和软件供应商签名的硬件设备及系统软件验收清单，并标注当前的日期。

5.3.2 5G 承载网初验

5G 承载网在完成网络搭建后，在交付试运行前需要进行初步验收，即初验。

初验的主要内容如下。

（1）按照网络设计的拓扑结构，检查网元类型、光路连接、光功率、电压、温度等是否满足要求。

（2）按照网络设计的参数指标，如开通、业务连通性、保护倒换等，测试网络系统是否满足要求。

初步验收要提交一份由用户和供应商以及第三方的技术顾问签名的初步验收报告。报告应附上网络系统的测试报告，同时还应给出明确的结论，即：

（1）通过初步验收；

（2）基本通过初步验收，但要求在某一期限内解决某些遗留的问题；

（3）尚未通过初步验收，确定在某一时间再次进行初步验收。

5.3.3 5G 承载网终验

5G 承载网在完成初步验收后，将交付试运行 3 个月，如果没有重大故障发生，特别是没有系统中断的现象发生，在用户允许的前提下，供应商、用户和第三方的技术顾问可在网络系统进行最终验收，即终验。

最终验收的依据是网络设计时的各种技术要求，以及在试运行期间网络系统的运行日志。

最终验收的内容是通过对运行日志的分析，评判系统的稳定性、可靠性以及系统的容错能力等指标是否达到要求。

最终验收要求提供由参加最终验收的各方签名的最终验收报告，附上试运行期间有代表性的运行日志的数据记录，并且给出最终验收的明确结果：

（1）通过最终验收；

（2）未通过最终验收；

（3）延迟 1 ～ 2 个月以后再进行最终验收。

5.3.4 输出初验报告

初步验收作为整个验证过程中最核心的一环涉及整个网络测试环节，包括设备开通测试、业务连通性测试、保护倒换测试等。相关的测试结果将作为初验报告的重要组成部分。

表 5-1 是初验报告范例。

表 5-1　初验报告范例

验收项目	×× 省 5G	合同编号	202001013456	验收阶段	初验
验收单位	中国移动	供应商	×× 公司	顾问 / 监理	×× 公司
测试项目一	设备开通	测试结果	详见报告	结论	测试通过
测试项目二	业务连通性	测试结果	详见报告	结论	测试通过
测试项目三	保护倒换	测试结果	详见报告	结论	测试通过
测试项目四	……	测试结果	……	结论	……
验收结论：通过初验 测试人员签字：　　客户签字：　　顾问 / 监理签字：					

1. 工程初验的测试内容主要包括哪些?
2. 什么时候执行终验?

5G 承载网维护

为了保障承载网安全、高效、稳定地运行，需要定期对网络设备及网络管理系统进行维护，并将维护结果保存于维护记录表中。维护结果可帮助运行维护部门发现并及时解决网络当前存在的问题，排除网络运行隐患。

- 能够完成承载网现场维护。
- 能够完成承载网网管中心维护。
- 能够完成承载网维护记录表的编写。

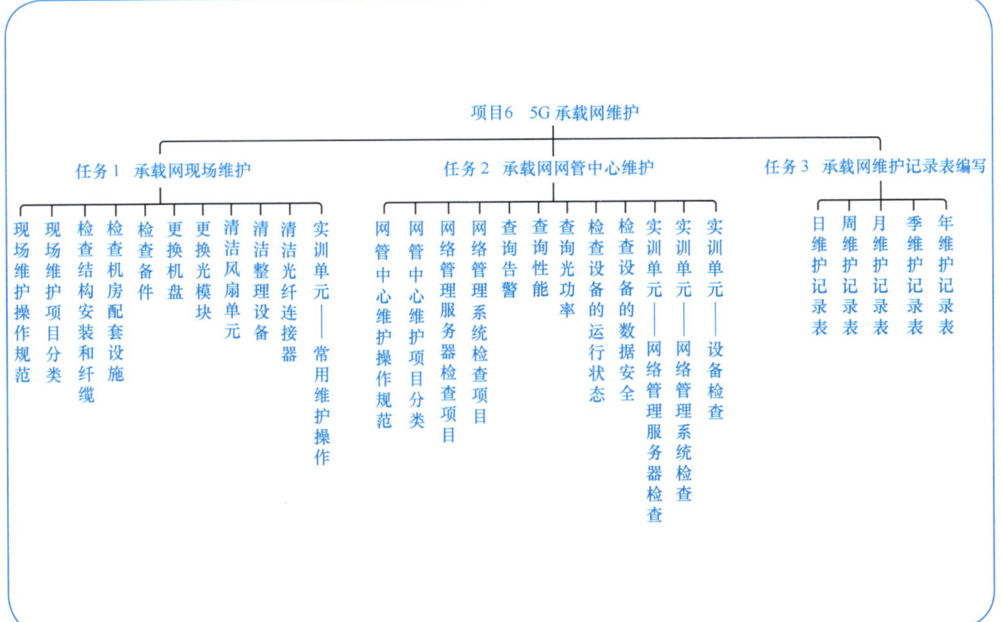

承载网现场维护

【任务前言】

承载网维护为什么要分为现场维护和网管中心维护呢？对于本项任务涉及的承载网现场维护，具体包含哪些维护项目和方法呢？在维护实施过程中，又有哪些安全操作注意事项需要谨记呢？带着这样的问题，我们进入本任务的学习。

【任务描述】

本项任务首先介绍承载网现场维护的操作规范，然后基于上述知识储备实施具体维护任务，包括现场维护中的例行检查项目和常用维护操作。通过本项任务的学习，学员将具备承载网现场维护的工作技能。

【任务目标】

- 能够描述承载网现场维护规范。
- 能够熟练使用承载网现场维护工具。
- 能够熟练完成承载网现场维护的常用维护操作。

知识储备

承载网维护的意义如下。

（1）定期检查并记录设备运行状态，了解设备当前运行状况。

（2）定期检查并清洁风扇、设备机框、子框等硬件设施，保证设备稳定运转。

（3）定期对设备运行数据进行备份，为后期升级等工作做好准备。

承载网维护包括现场维护和网管中心维护：现场维护指针对硬件的维护，包括设备、机盘、光模块、光纤等；网管中心维护指针对网络管理软件的维护。在实际的网络维护中，通常需要同时进行现场维护和网管中心维护。

6.1.1 现场维护操作规范

1 现场维护安全操作注意事项

承载网运行维护工程师在对设备进行维护的过程中应遵循操作安全规范，避免造成意外的人身伤害和设备损害。下面介绍现场维护过程中的注意事项，主要包含安全和警告标识、现场维护工具、静电防护、机盘插拔、光纤及光接口安全操作和电气安全六方面内容。

（1）安全和警告标识

承载网设备子框和单盘上贴有安全和警告标识，操作人员操作时须遵循标识的提示，各标识含义如表 6-1 所示。

表 6-1　安全和警告标识

标识	位置	含义
防止静电 E.S.D	子框	静电防护标识，提示操作人员操作时需要佩戴防静电腕带或手套，避免人体携带的静电损坏设备
	子框	子框接地标识，提示操作人员子框接地的位置
拔纤工具挂环 HANGING EYE	子框	拔纤工具挂环标识，提示操作人员拔纤工具的位置
WARNING	风扇单元	风扇告警标识，严禁在风扇高速运转时碰触叶片
禁止带电插拔 NO PLUG UNDER POWER ON	电源盘	禁止带电插拔盘标识，警告禁止带电插拔承载网设备的电源盘
CLASS 1 LASER PRODUCT	光接口盘	激光等级标识，禁止双眼裸视尾纤剖面，以防止激光束灼伤眼睛。必要时需要佩戴防护眼镜

（2）现场维护工具

维护中经常会用到光功率计、拔纤器、防静电腕带等工具，具体如表 6-2 所示。

表 6-2　工具清单

工具外观	工具名称	用途
	光功率计	用于测试光接口的收发光功率
	专用拔纤器	用于插拔光纤
	无纺镜头纸	用于清洁光纤接头
	十字螺丝刀	用于安装、拆卸机盘和子框电源线
	防静电腕带	防止人体静电损坏设备上的敏感元器件
	防静电袋	用于搁置替换机盘
	吹风机	用于清洁防尘网
	粘胶纸带 / 标签纸	用于标记相关配件
	毛刷	用于清洁相关配件

续表

工具外观	工具名称	用途
	吸尘器	用于清洁相关配件

（3）静电防护

人体静电可能会损坏机盘、子框上的元器件，故不允许直接用手触摸。在接触设备、机盘、集成电路（IC，Integrated Circuit）等之前，必须佩戴防静电手套或防静电腕带。在佩戴防静电腕带时，将其一端佩戴在手腕上，确保金属扣和皮肤充分接触，并将另一端扣在子框的防静电接地扣上。防静电手套外观及防静电腕带佩戴示意如图 6-1 所示。

（a）防静电手套外观

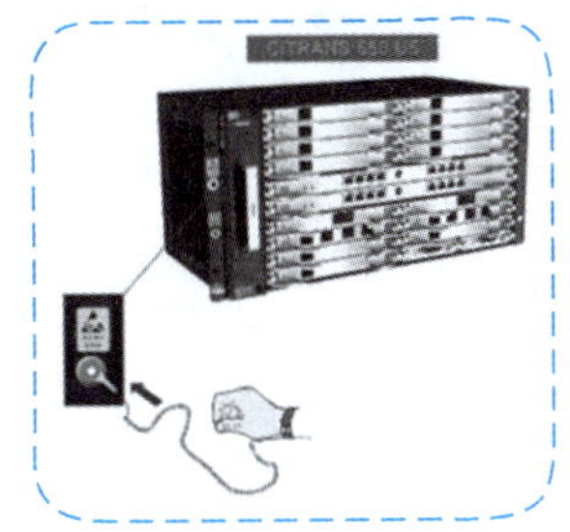

（b）防静电腕带佩戴示意

图6-1　防静电手套外观及防静电腕带佩戴示意

提示：

① 防静电腕带随设备发放；

② 机房地面不得使用地毯或其他容易产生静电的材料；

③ 在存储机盘时，应将机盘放入防静电袋内；

④ 光纤清洁之后不能马上回插至光接口，须盖上防尘帽。

（4）机盘插拔

① 插拔机盘前须佩戴防静电手套或防静电腕带，并且保持双手干燥和清洁。

② 接触机盘时，切勿触摸机盘上的元器件和接线槽等。

③ 插入机盘前，确认机盘上未接入线缆和光纤。

④ 插入机盘前，确认机盘插入方向，勿倒置机盘。

⑤ 插入机盘时，勿用力过大，以免弄歪背板上的插针。

⑥ 拔出机盘前，须记录机盘接口与纤缆的对应关系。

⑦ 拔出机盘前，确认已断开机盘上的线缆和光纤。

⑧ 机盘拔插的间隔时间建议大于 30s。

> 警告：
>
> 严禁带电插拔电源盘。

（5）光纤及光接口安全操作

在现场维护过程中，以不正确的方式操作光纤和光纤连接器可能会对操作者造成人身伤害，因此在连接光纤和清洁光纤连接器时必须注意以下事项。

① 使用专用拔纤器

插拔光纤和光模块应使用专用拔纤器。设备出厂时，专用拔纤器已通过弹簧绳固定在承载网设备子框上，形似镊子，并配有弹簧绳，如图 6-2 所示。

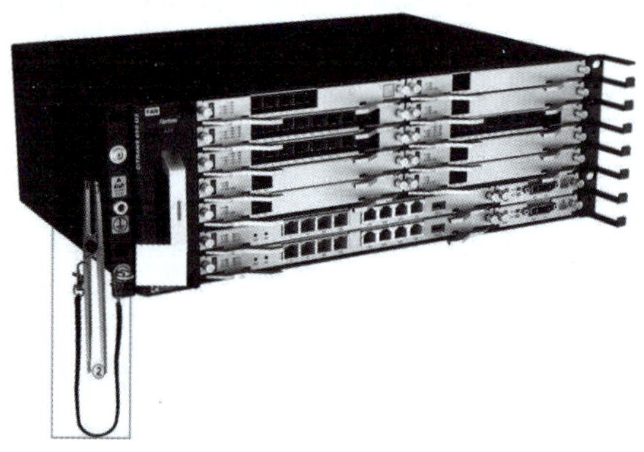

图6-2　专用拔纤器

专用拔纤器由拔光模块端和拔光纤端两部分组成，使用时用拔纤器夹住光纤接头或光模块即可方便地进行插拔。如图 6-3 所示。

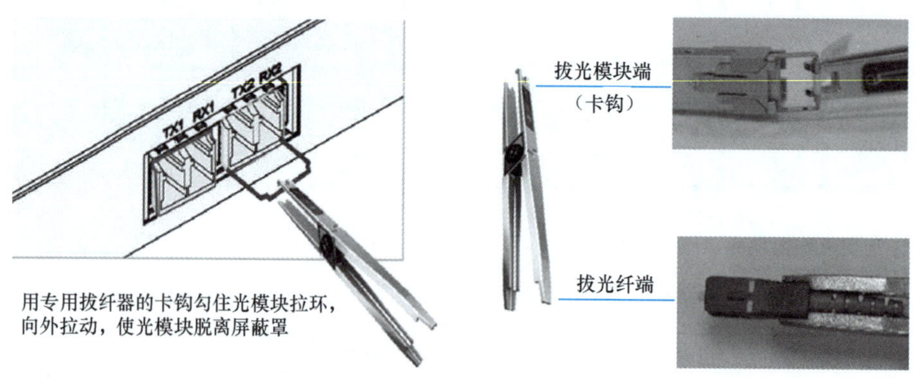

图6-3　专用拔纤器组成及使用示意

② 连接光纤

连接光纤前使用光功率计检查光功率，光功率符合光接口模块功率要求后方可连接。光功率计使用方法如图 6-4 所示。

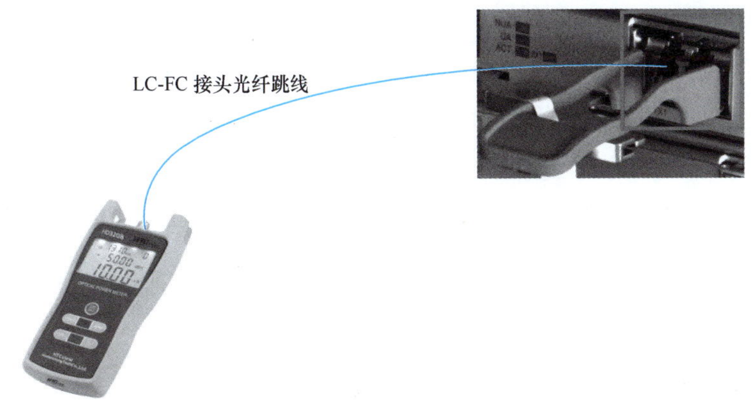

图6-4 光功率计使用方法

连接光纤前应检查光纤接头与光接口是否匹配，如果不匹配，须使用光纤转接头转接后连接到光接口，光纤转接头亦可称为光纤适配器或法兰。常见光纤接头与光纤转接头如图 6-5 所示，其中承载网设备光模块适配 LC 型光纤接头。

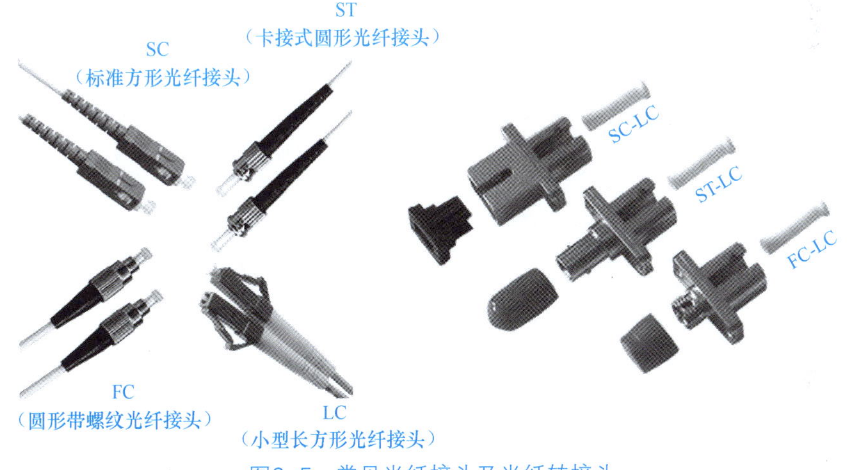

图6-5 常见光纤接头及光纤转接头

在尾纤输出功率未知的情况下，应避免直接将其插入机盘光接口，可通过虚插或增加衰减器的方式避免强光损毁光模块。图 6-6 所示为 3dB 光衰减器。

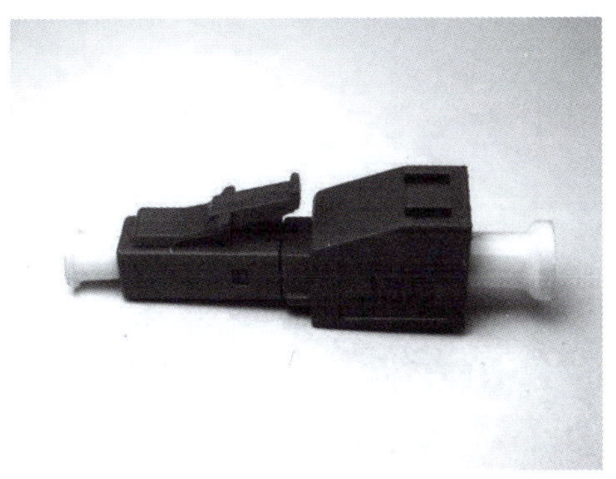

图6-6 3dB光衰减器

③ 保护眼睛

光输出口或输出口所接尾纤端面会发出激光，不要用肉眼直视光模块发射端口或光纤连接器，以免眼睛受损，如图 6-7 所示。

④ 避免光纤过度弯折

尾纤的过度弯曲、挤压均会对光功率产生影响，必须弯曲光纤时，曲率（最小弯曲）半径不得小于 38mm，如图 6-8 所示。

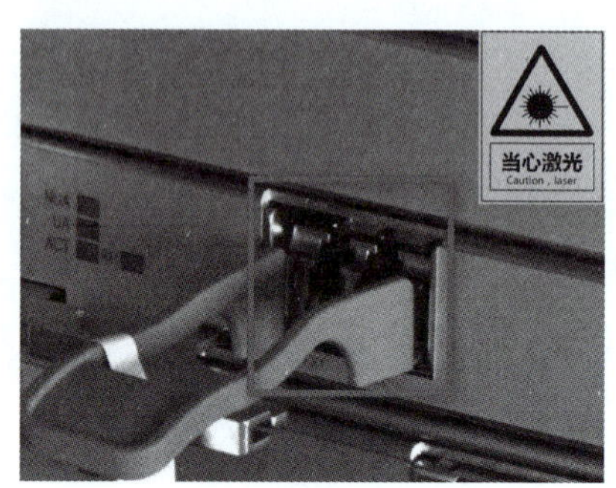

图6-7　避免眼睛直视光输出口

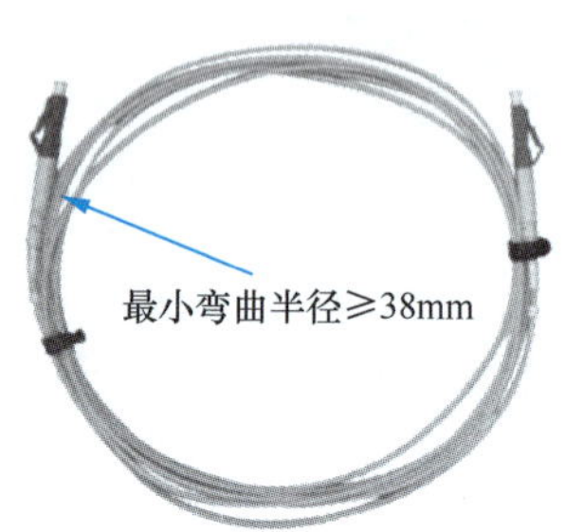

图6-8　光纤最小弯曲半径

⑤ 保护光接口和光接头

未使用的光接口和尾纤上的光接头一定要盖上防尘帽，这样既可以预防操作人员无意中直视光接口或光接头而损伤眼睛，又能避免灰尘进入光接口或污染光接头，如图 6-9 所示。

⑥ 清洁

在清洁光纤接头或光纤连接器时，必须使用专用的清洁工具和材料。下面列举了常用的清洁工具，操作人员可以根据实际需要选配。图 6-10 所示为常见光纤清洁工具箱。

- 专用清洁溶剂（优先选用异戊醇，其次为异丙醇）。
- 无纺镜头纸。
- 专用压缩气体。
- 棉签（医用棉或其他长纤维棉）。
- 专用清洁带。

（6）电气安全

操作人员在例行维护中需要注意以下安全事项，以防止发生短路、不良接地等电气事故。

① 短路

- 发生短路时，短路瞬间电流过大容易造成设备损坏，留下安全隐患。
- 操作时，应避免金属屑和水等导电物体进入带电设备，导致电气设备和元件受损。
- 避免因人为疏忽或接线错误造成短路。
- 避免因管理不善，令小动物进入带电设备造成短路。

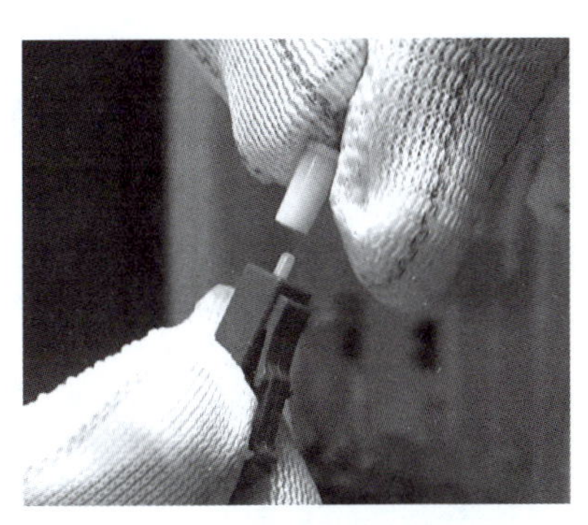

图6-9 为光接头盖上防尘帽

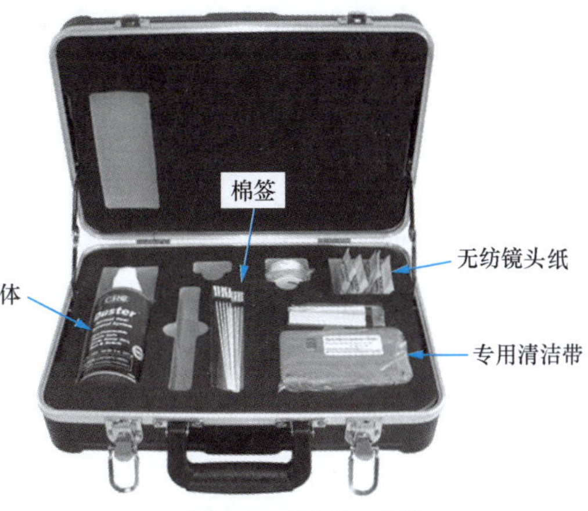

图6-10 常见光纤清洁工具箱

② 接地

- 确认机房内保护地排接线良好。
- 确认设备接地良好。

③ 设备电源

- 拆除电源线前，确认电源处于断开状态。
- 电源线不可裸露在外，裸露部分应用绝缘胶布进行包裹。
- 在前提条件许可的情况下，先断开电源，再进行其他操作。

2 现场维护原则及基本操作要求

（1）保证设备运行环境的清洁。

（2）保证环境温度、湿度、电压等在设备允许的范围内。

（3）不得随意插拔、复位机盘，更换线缆。

（4）定期检查备储物件，防止受潮霉变情况发生，并注意坏件的区分和分开保存，备件不足时应及时补充。

（5）维护过程中，必须佩戴防静电腕带或手套，避免人体静电损伤元器件，或操作员被设备的尖角划伤。

（6）禁止雷雨天气操作设备和电缆。

（7）禁止直接接触或通过潮湿物体间接接触高压电源。

（8）禁止裸眼直视光纤接头或光纤连接器。

（9）维护过程中，严防金属屑或金属部件掉入子框，以免引起短路。

3 现场维护人员的职责和要求

（1）维护人员的职责

① 按照维护规程的要求，做好周期性的例行维护工作，并做好相关记录。

② 当有突发性事故发生时，必须按照维护规程中的步骤进行处理，并立刻向主管部门或主管人员上报，必要时应及时请求其他部门配合，做到在最短时间内排除故障；同时做好重大故障处理过程及相关数据的记录，并定期归档。

（2）对维护人员的要求

① 熟悉机盘面板接口、指示灯含义、主要功能和性能指标。

② 熟悉设备的各种告警和性能，并能正确理解其含义。

③ 熟练使用各种现场维护工具和仪表。

④ 能够完成现场维护例行检查项目及常用维护操作。

6.1.2 现场维护项目分类

掌握了现场维护操作规范后，我们就开始现场维护具体项目的学习。首先明确项目分类，现场维护任务的实施主要由例行检查项目以及常用维护操作两部分组成，具体分类如图 6-11 所示。6.1.3 ～ 6.1.10 节分别对这 8 个子维护项目进行阐述。

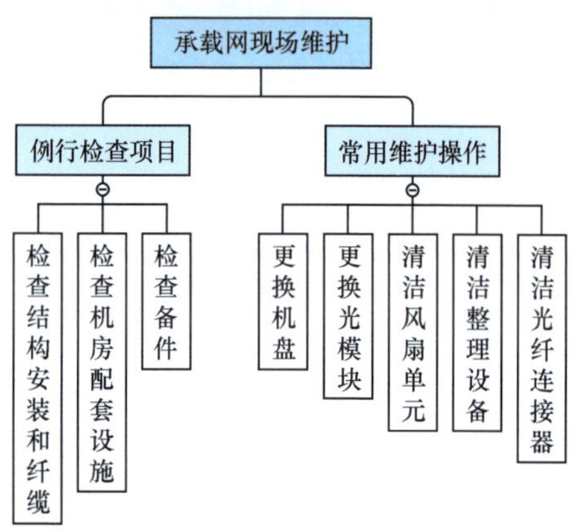

图6-11　现场维护项目分类

6.1.3 检查结构安装和纤缆

检查设备结构安装和纤缆布放，使设备能够安全、持续稳定地正常工作。

1 维护周期

每年。

2 检查内容

（1）机柜柜门上应有均匀的网孔。

（2）设备子框上下应预留足够的空间。

（3）设备所有空槽位均应安装假面板。

（4）机柜各部件的保护地连接牢固，螺钉拧紧，不影响柜门的开合及设备的安装。

（5）防静电腕带、拔纤工具应安装在机柜或子框的指定位置。

（6）设备安装方向正确，风扇进风口和出风口不能有遮挡。

（7）机架内外线缆、尾纤均不得悬空布线。

（8）尾纤、线缆布放美观，不影响柜门的开合，不影响活动部件的操作。

（9）尾纤应用光纤绑扎带（尼龙搭扣）固定，且尾纤在光纤绑扎带（尼龙搭扣）环中可自由抽动，尾纤弯曲直径大于 38mm，禁止使用扎丝或尼龙扎带直接捆绑、固定尾纤。

（10）光纤（线缆）应通过分纤单元引到设备两侧，光纤（线缆）保持顺畅、有序。

3 参考标准

正确、美观、整齐的设备结构安装和纤缆布放维护效果如图 6-12 所示。

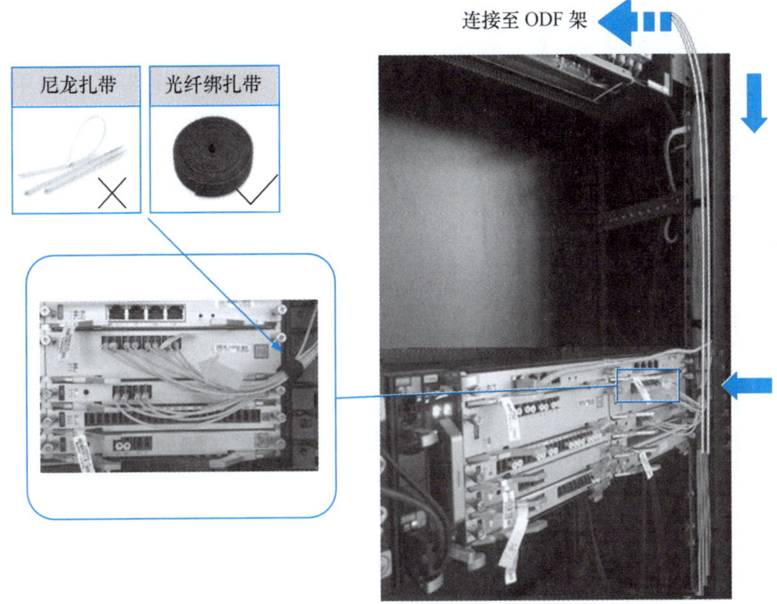

图6-12 设备结构安装和纤缆布放维护效果

6.1.4 检查机房配套设施

通过检查机房内配套的 ODF 架，判定施工质量，降低人为故障发生的概率，如图 6-13 所示。

1 维护周期

每年。

2 操作步骤

（1）检查设备面板上的空余光口、ODF 架上的空闲法兰，确保空余光口和空闲法兰上有防尘帽。

（2）检查 ODF 架的接头，确保无松动现象。

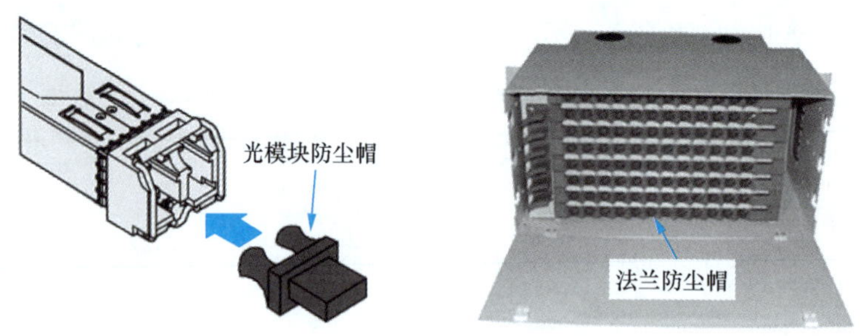

图6-13　检查机房配套设施

6.1.5　检查备件

当设备或机盘出现故障需要更换时，能够及时、快速取出备件进行更换，有效缩短故障抢修时间。

1 维护周期

每年。

2 检查内容

（1）检查备件机盘软件版本，保证与在网设备同步升级更新。

（2）检查各备件的外观完整性，测试其功能是否正常，保证所有备件均能正常工作。

（3）将备件存放在干燥、干净的专用柜内，分类摆放，贴好标签，方便后期查找。

（4）重点机房应当现场配置备件，保障就近快速取用。

（5）对于缺少的备件，应尽快向上级部门反映，及时补充。

（6）将备件逐一进行登记，方便管理。备件登记表如表 6-3 所示。

表 6-3　备件登记表

编号	入库时间	机盘盘号	机盘盘名	适用设备	存放位置	登记人	出库时间	领用人	备注
1									
2									
3									
4									
5									

6.1.6　更换机盘

基于设备安装项目的学习，我们知道承载网设备的单盘主要由电源控制（PWR）、主控交叉盘以及业务盘组成。在日常维护中，一旦遇到机盘因故障需要更换的情形，必须牢记更换每类单盘的操作规范。

1 更换 PWR 盘

按规范更换故障 PWR 盘，保证设备正常供电。

（1）操作步骤

① 佩戴好防静电腕带。

② 在电源分配柜（PDP，Power Distribution Panel）或配电柜上将待更换 PWR 盘对应的空气开关置于“OFF”。

③ 用十字螺丝刀拧松螺丝，拔出 PWR 盘上的电源线，拧松机盘上的松不脱螺钉，拔出待更换的电源盘（如图 6-14 的①、②所以）。

④ 插入新的 PWR 盘（如图 6-14 的③、④所示），插入到位后拧紧松不脱螺钉，接好电源线。

⑤ 接通机柜上方 PDP 上该路的电源开关（将电源开关拨至“ON”）。

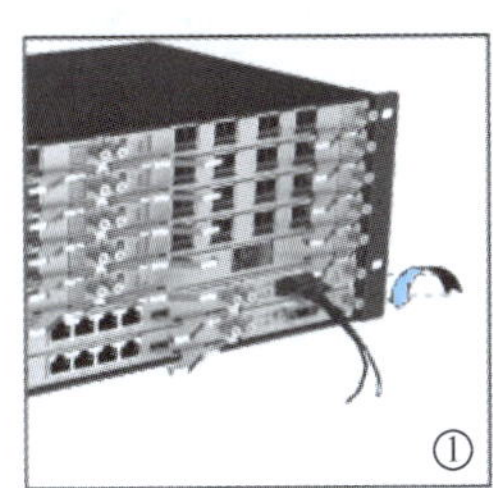

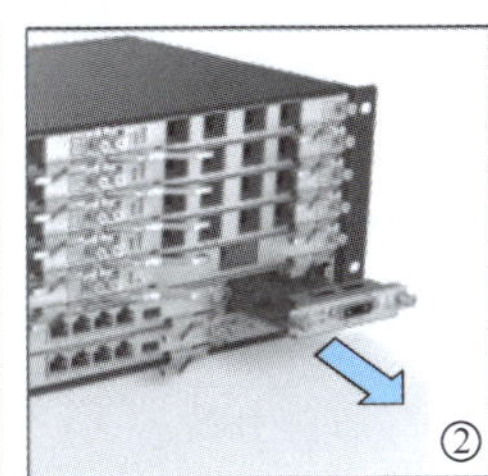

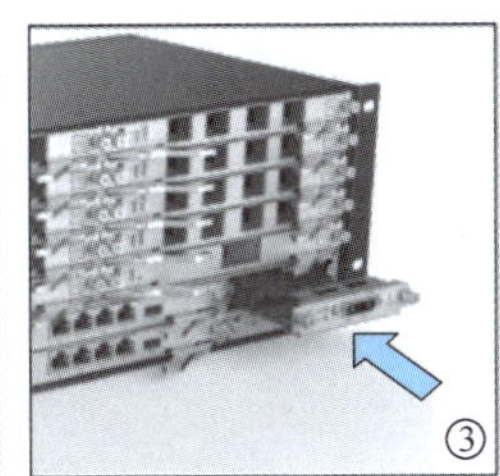

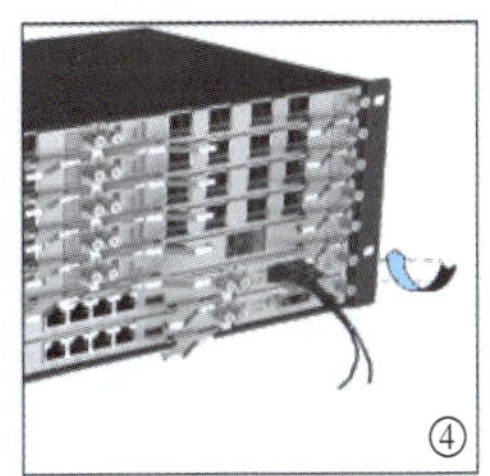

图6-14　更换PWR盘示意

（2）参考标准

设备上电后，观察新更换电源盘的指示灯，“绿灯常亮，红灯熄灭”，说明设备输入 / 输出电压在正常范围内，机盘运行正常。

2 更换主控交叉盘

承载网设备的主控交叉盘支持 1+1 主备保护，当其中一块出现故障时，应按规范更换故障主控交叉盘，保证业务正常运行，并与网络管理系统正常通信。

（1）操作步骤

① 佩戴好防静电腕带。

② 观察待更换主控交叉盘的 STAT 指示灯，绿色快闪为主用盘，绿色慢闪为备用盘。

③ 拆除连接在待更换主控交叉盘上的线缆。

④ 若更换主用主控交叉盘，可先短按面板上的 SW 键，实现主备倒换。

⑤ 倒换完成后，拔出待更换主控交叉盘（如图 6-15 的①、②所示）。

⑥ 插入新主控交叉盘（如图 6-15 的③、④所示）。

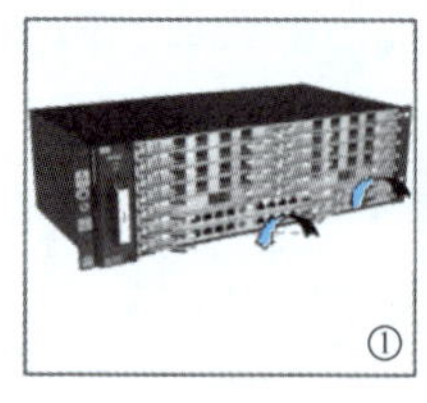
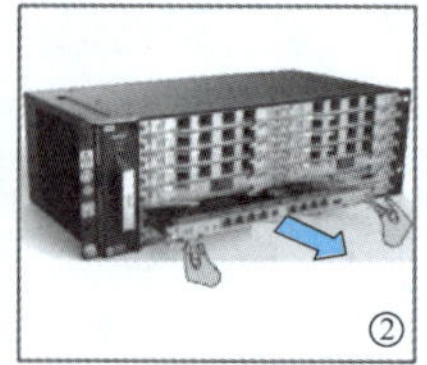
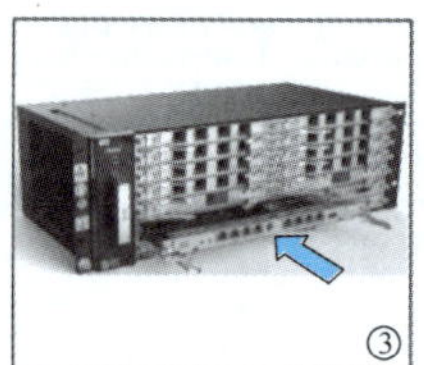
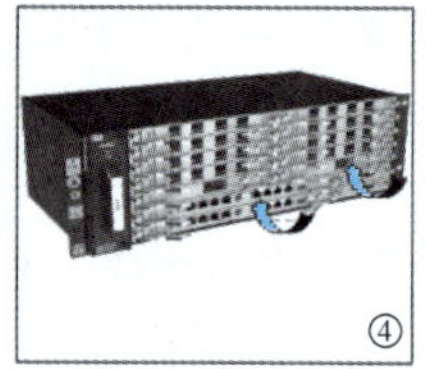

图6-15　更换主控交叉盘示意

（2）参考标准

① 观察机盘的 ACT（工作状态）指示灯，如果指示灯显示为绿色并快闪，则表明机盘运行正常。

② 通过网络管理系统对新主控交叉盘进行软件版本检查和配置。

❸ 更换业务盘

当业务盘出现故障时，及时对其进行更换，保证设备稳定运行。

（1）操作步骤

① 核实待更换业务盘的类型、位置及连接的线缆。

② 佩戴好防静电腕带。

③ 拆除机盘上连接的线缆。

④ 拔出待更换业务盘（如图 6-16 的①、②所示）。

⑤ 插入新业务盘（如图 6-16 的③、④所示）。

⑥ 重新连接线缆。

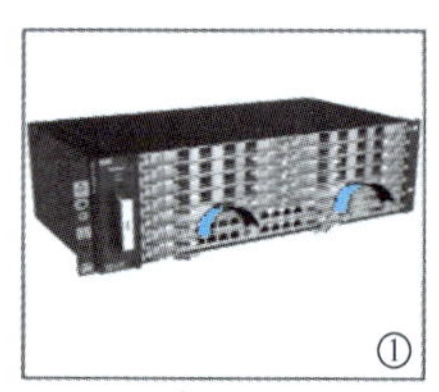
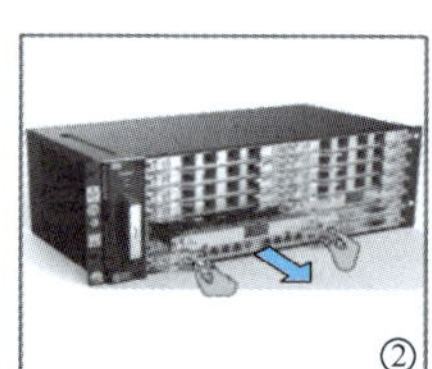
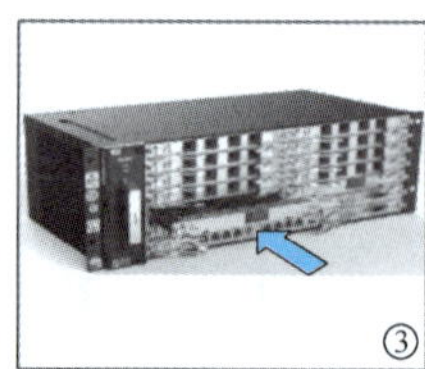

图6-16　更换业务盘示意

（2）参考标准

更换完成后，观察机盘的 ACT 指示灯，如果指示灯显示为绿色并快闪，说明机盘运行正常。

6.1.7　更换光模块

设备运行过程中，当光模块性能指标已无法满足业务需求或光模块损坏无法工作时，需要对光模块进行更换，以保证设备正常工作。

❶ 操作步骤

（1）核实待更换光模块的类型（工作波长、传输距离等光模块信息如图 6-17 所示）、位置及连接的线缆。

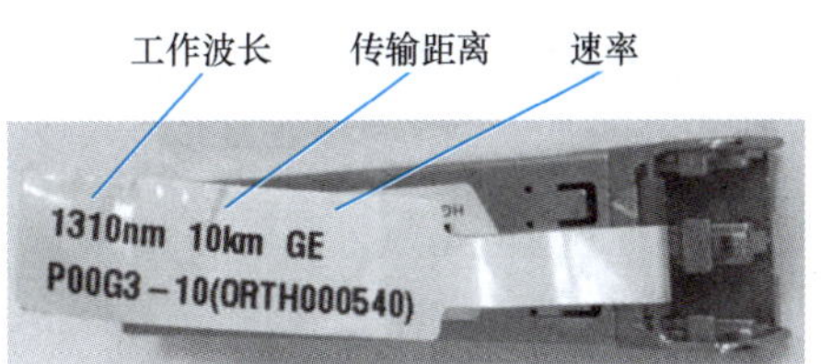

图6-17　光模块信息

（2）佩戴好防静电腕带。

（3）使用拔纤器的拔光纤端拆除待更换光模块接口上的光纤，做好光纤与光接口的对应标记，并给拔出的光纤盖上防尘帽。

（4）使用拔纤器的拔光模块端拔出待更换的光模块（如图 6-18 的②、③所示），放入防静电袋内。并在防静电袋上粘贴维护标签，记录本网元的名称和更换原因等。

（5）插入新的光模块（如图 6-18 的④、⑤所示）。

（6）用光功率计检测输入光功率，保证输入光功率在正常范围内。

（7）取下光纤防尘帽，按照记录的对应纤缆关系，插入拔出的纤缆。

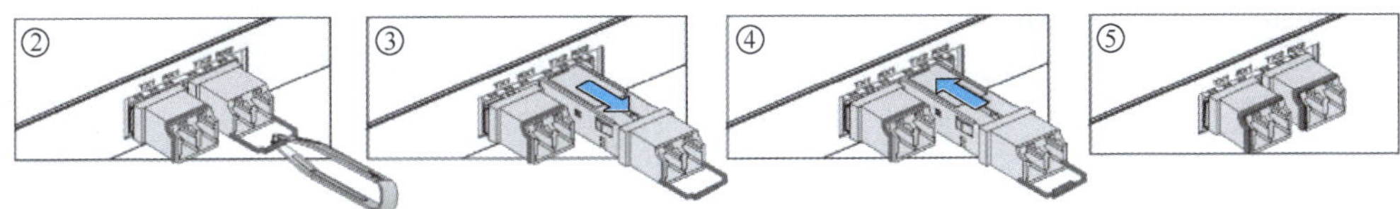

图6-18　更换光模块示意

2 参考标准

在网络管理系统中查看发送和接收光功率，光功率若在正常范围内，说明光模块更换成功。

> 注意：
> 光模块不使用时务必要及时塞上防尘帽，以免灰尘进入光模块而影响其性能。

6.1.8　清洁风扇单元

风扇单元负责设备整体散热，当其运行异常时，需要及时更换，保证设备正常散热，避免因散热异常造成设备故障。在日常维护中，需要定期清洁风扇上的灰尘等，保证风扇转动匀速、正常。

1 维护周期

每季度。

2 操作步骤

（1）佩戴防静电腕带 [插头已正确扣在 ESD（静电放电）扣上]。

（2）用十字螺丝刀拧松风扇单元面板上的松不脱螺钉（如图 6-19 的①所示）。

（3）双手拉住风扇面板的拉手，将风扇单元向外缓缓抽出 5cm 距离，使风扇单元脱离背板，待风扇停止转动后，将风扇单元完全抽出子框（如图 6-19 的②所示）。

（4）在 1min 内将新的备用风扇单元插入子框原位置（如图 6-19 的③所示）。

（5）拧紧松不脱螺钉（如图 6-19 的④所示）。

（6）观察更换风扇的单元面板指示灯，ACT 指示灯应该为绿色常亮。

（7）将换下的风扇单元放入防静电袋内，并在防静电袋上粘贴维护标签，记录风扇单元的名称及更换原因等，然后运出机房。

（8）在机房外采用吸尘器和毛刷，边刷边吸，清洁风扇单元的灰尘，经过除尘后的此风扇单元可作为备用风扇使用。

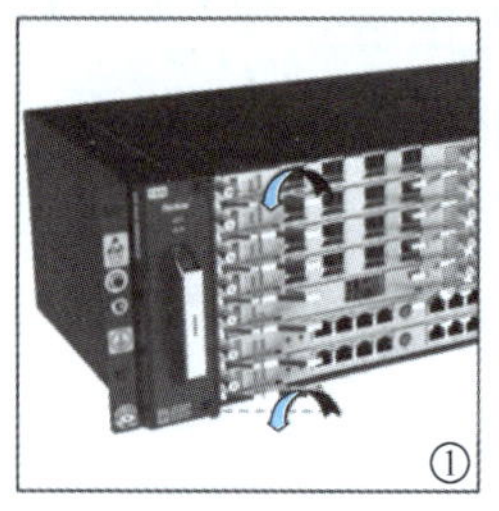

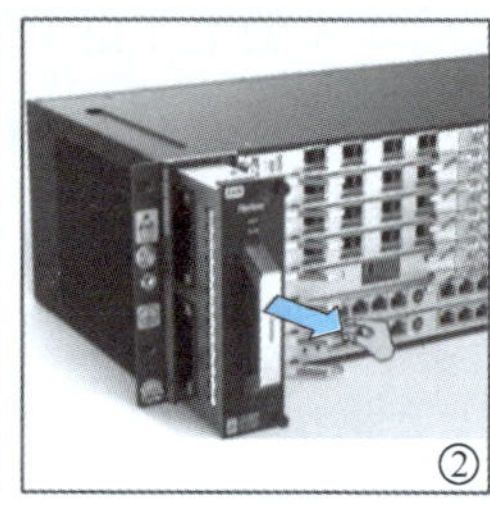

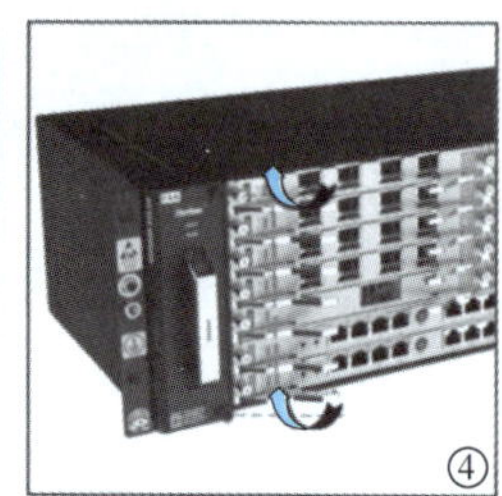

图6-19　更换及清洁风扇单元示意

注意：

① 风扇单元插入前应进行检查，确保风扇单元里面无异物；

② 在 1min 内完成风扇单元更换，以保证系统正常散热。

3 参考标准

（1）风扇告警指示灯正常：ACT 指示灯为绿色常亮。

（2）风扇单元运转正常、无异响。

6.1.9　清洁整理设备

清洁承载网设备机柜、子框表面的灰尘，避免设备因积灰而影响运行。整理走线架和配线架等配套设备。

1 维护周期

每年。

2 操作步骤

（1）用干净、干燥的防静电软毛刷轻轻刷去机柜 / 设备表面的灰尘，同时将吸尘器的吸嘴对准毛刷，边刷边吸。

（2）整理走线架和配线架，确保线缆连接可靠、布放整齐、捆扎有序，无老化。线缆标签无脱落。

6.1.10　清洁光纤连接器

光纤连接器端面上的细小灰尘或者其他污染物会影响光信号的质量，导致系统性能下降，对网络的稳定运行造成隐患。清洁光纤连接器，避免由于器件不洁造成业务传输质量下降，甚至引起业务中断等故障。

1 操作步骤

（1）佩戴防静电手腕或手套。

（2）通过网络管理系统的“单盘控制命令”执行激光器“关”，然后拔出待清洁的光纤。

（3）在拔出光纤后的光接口上加盖防尘帽。

（4）使用镜头纸清洁光纤连接器端面，如图 6-20 所示。

（5）拔下光接口上的防尘帽，插入清洁后的光纤。

（6）通过网络管理系统的“单盘控制命令”执行激光器“开”。

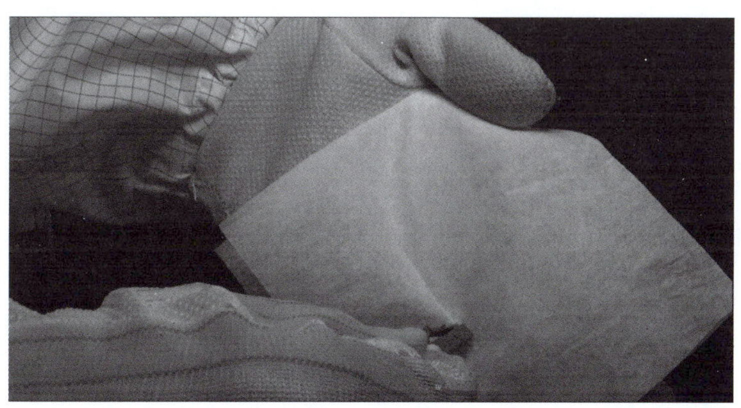

图6-20　清洁光纤连接器端面

2 参考标准

在网络管理系统中查看发送和接收光功率，光功率若在正常范围内，说明光纤连接器清洁成功。

注意：

① 拔出的光纤在清洁之前，请勿接触任何物品；

② 光纤清洁之后若不马上回插至光接口，须盖上防尘帽。

1. 简述承载网现场维护中插拔机盘的操作注意事项。
2. 简述保证电气安全的注意事项。

6.1.11 实训单元——常用维护操作

基于承载网现场维护规范，熟练掌握常用现场维护项目的操作流程和注意事项。

使用 5G 承载网实训仿真软件或实际设备，实施现场维护过程中的常用维护操作。

实训准备

1. 实训环境准备

（1）硬件：可登录实训系统仿真软件的计算机终端。

（2）软件：实训系统仿真软件。

2. 相关知识点要求

（1）5G 承载网设备子框结构及各机盘槽位分布。

（2）5G 承载网设备机盘面板接口、指示灯含义及主要功能。

（3）5G 承载网现场维护操作规范和常用维护操作流程。

实训步骤

1. 更换承载网设备典型机盘。
2. 更换承载网设备光模块。
3. 清洁承载网设备风扇单元。
4. 清洁承载网设备光纤连接器。

评定标准

能够基于任务实施流程描述，正确且高效地使用实训系统仿真软件完成现场维护常用操作。

实训小结

实训中的问题：____

____

____

问题分析：____

____

____

问题解决方案：____

____

____

思考与拓展

1. 现场维护的常用工具有哪些？
2. 简述清洁风扇单元的操作步骤。

承载网网管中心维护

【任务前言】

在任务 1 中我们学习了承载网现场维护的相关内容，主要涉及设备硬件，那么 5G 承载网的维护只需要维护设备硬件吗？承载网所承载的 5G 三大场景的业务是不是也需要进行维护呢？业务一旦中断，设备是不是应该产生相关告警提示呢？这些告警是不是应该被收集并展示出来呢？全网所有设备的运行状态是否正常，是不是也需要有一个监管者呢？带着上述疑问，在任务 2 中，我们来一探承载网的管理员——网络管理系统的全貌。

【任务描述】

本项任务首先介绍承载网网管中心维护的操作规范，然后基于上述知识储备开始具体维护任务的实施，包括网络管理系统检查项目及设备检查项目。通过本项任务的学习，学员能够熟练使用网络管理系统监控设备运行情况。

【任务目标】

- 能够描述网管中心维护的操作注意事项及原则。
- 能够完成网络管理服务器相关的维护检查项目。
- 能够熟练使用网络管理系统对设备进行维护检查。

知识储备

6.2.1 网管中心维护操作规范

1 网管中心维护安全操作注意事项

（1）网络管理服务器正常工作时不应退出。退出网络管理服务器对业务无影响，但会中断其对设备的监控。

（2）网络管理服务器为专用设备，不可挪作他用；不可外接来历不明的存储设备，避免病毒的侵害。

（3）不可随意删除网络管理服务器中的文件，不可向其内部拷入无关的文件。

（4）不可通过网络管理服务器访问互联网，否则会加大网卡上的数据流量，从而影响正常的网络管理数据传输或带来其他意外，如图 6-21 所示。

图6-21　不可接入互联网

（5）不可随意修改网络管理服务器的协议设置、计算机名，否则可能造成网络管理系统不能正常运行，具体如图 6-22 和图 6-23 所示。

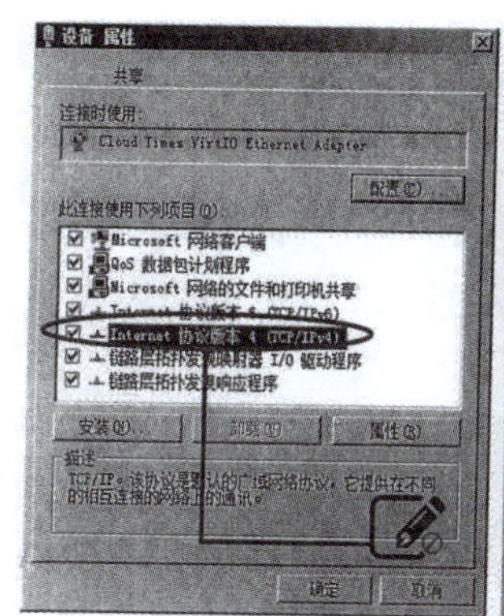

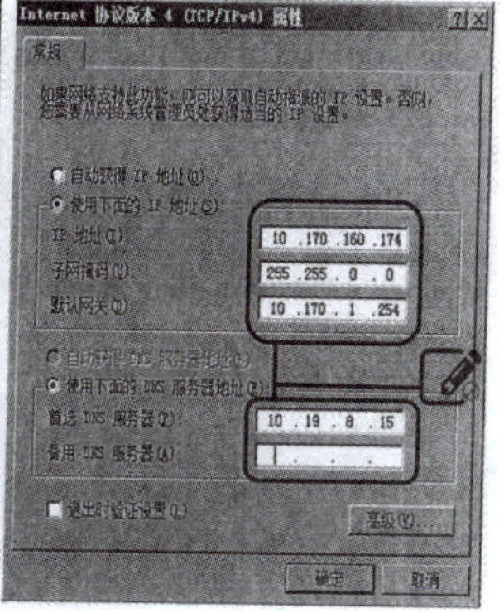

图6-22　不可随意修改网络组件及其网络协议属性

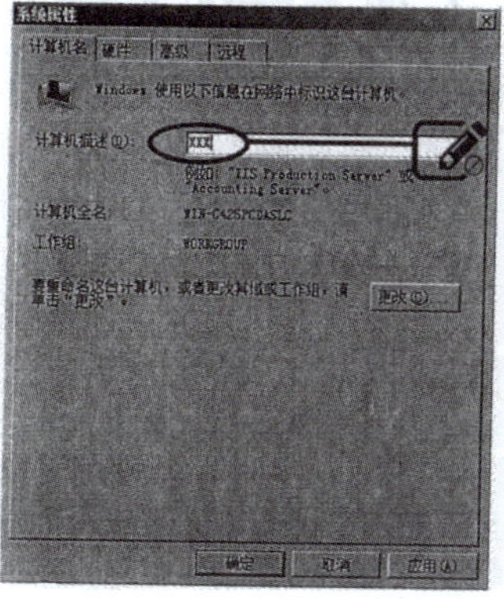

图6-23　不可随意修改计算机名

2 网管中心维护原则及基本要求

（1）网管中心维护原则

① 不得随意修改网络管理系统配置数据。对于必须修改网络管理系统配置数据的情况，应做好记录。

② 严禁在网络管理系统中安装与管理、配置和维护无关的软件。

③ 对于采集到的各项数据，应定期进行记录、分析和总结。

（2）网管中心远端维护操作要求

① 不得随意更改数据和数据库配置，改动前须进行数据备份并做好记录，修改数据后在一定时间内确认设备运行正常，才能删除备份数据。

② 定期观察数据库服务器的磁盘容量使用情况，及时扩容。

③ 就近存放维护过程中需要的软件和资料，以便在需要使用时及时获取。

3 网管中心维护人员的职责和要求

（1）维护人员的职责

① 按照维护规程的要求，做好周期性的例行维护工作，并做好相关记录。

② 当有突发性事故发生时，必须遵循维护规程中的步骤进行处理，并立刻向主管部门或主管人员上报，必要时应及时请求其他部门配合，做到在最短时间内排除故障；同时做好重大故障处理过程及相关数据的记录，并定期归档。

③ 不得随意使用网络管理系统更换机盘、升级软件或增删配置；凡进行机盘更换、设备软件更新或修改网络管理系统配置数据操作，均应做好记录，以便于日后维护使用。

（2）对维护人员的要求

① 熟悉 5G 承载网的原理及组网方案。

② 熟悉设备架构及工作原理。

③ 熟悉网络管理系统的架构及运行环境、网管界面的各项常用操作。

④ 能够完成网络管理系统检查项目及设备检查项目。

6.2.2 网管中心维护项目分类

掌握网管中心维护操作规范后，我们开始具体维护项目的学习。网管中心维护项目分类如图 6-24 所示。

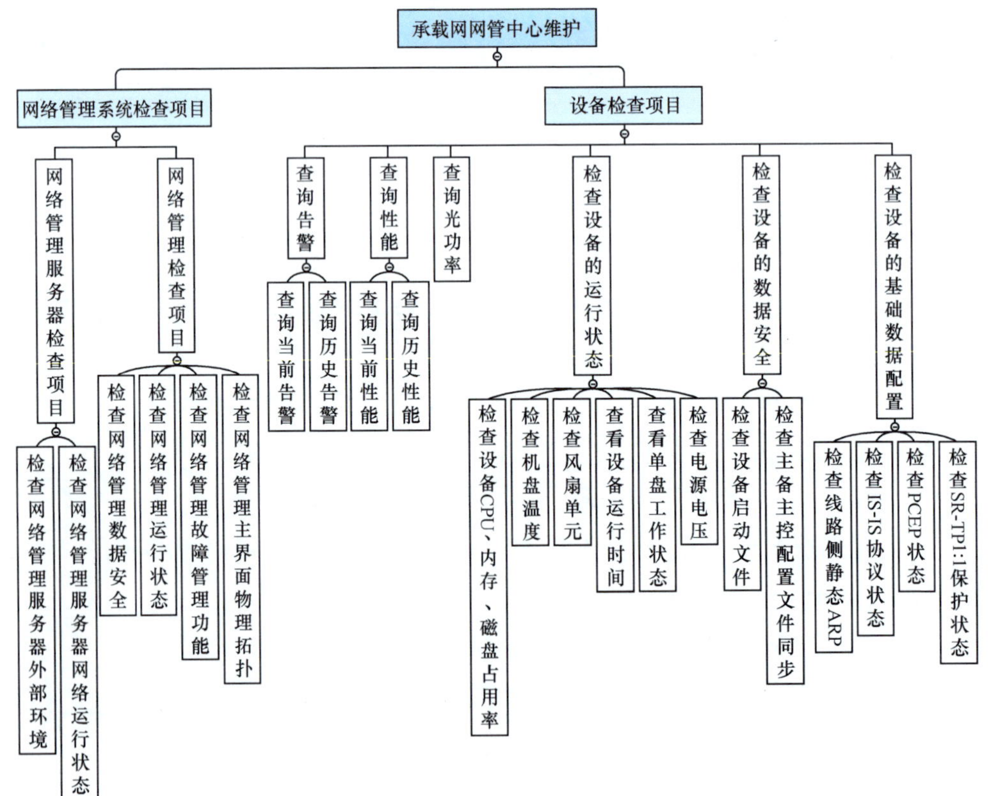

图6-24 网管中心维护项目分类

6.2.3　网络管理服务器检查项目

1 检查网络管理服务器外部环境

为网络管理服务器创建合格的外部环境，可有效提高网络管理系统的运行效率，延长服务器的使用寿命。

（1）维护周期

每周。

（2）操作步骤

① 检查网络管理服务器外部的卫生条件：防尘、防潮、防磁、散热措施。

② 检查并确保各部件的电源线、地线均连接牢固、极性正常、接触良好。

③ 按照硬件连接图检查硬件连接线和网络线缆。

通过前述项目的学习我们知道，在 5G 时代，服务端与设备网络之间需要通过两条链路连通。一条链路（网线或光纤）连通设备网络的管理面，另一条链路（光纤）连通设备网络的控制面，实现管理面与控制面的完全隔离。服务器连接如图 6-25 所示，其中设备网卡 1 连通管理面，设备网卡 2 连通控制面。

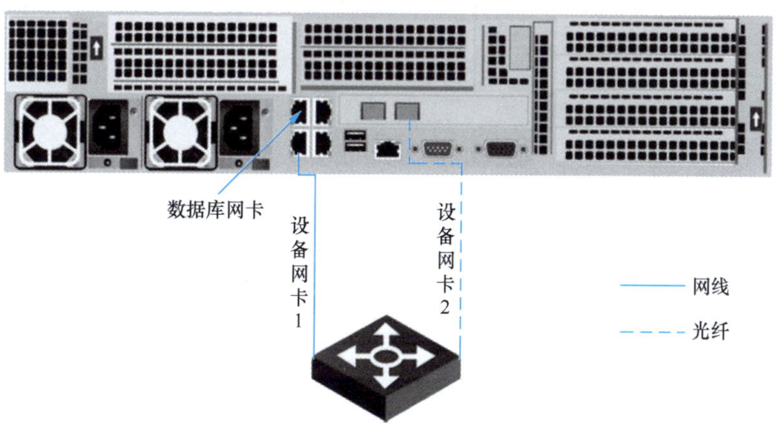

图6-25　服务器连接

（3）参考标准

外部物理环境符合规范，电源供电配置 UPS（不间断电源）、接地良好、硬件连接线正确且标签清晰明了。

2 检查网络管理服务器网络运行状态

主要通过检查网络管理服务器的网络运行状态，包括网卡规划与配置、网卡工作状态等内容，保证服务器的网卡运行正常稳定，与数据库及设备连接正常，为网络管理系统正常、高效运行打下良好基础。

（1）维护周期

每周。

（2）操作步骤

① 检查服务器的“网络连接”配置，由图 6-25 可知，服务器一般包含 3 张网卡：数据库网卡、与设备管理面对接网卡、与设备控制面对接网卡；若当前服务器只有两张网卡，也可将管理面网卡与控制面网卡合为一张设备网卡，具体如图 6-26 所示。

图6–26 服务器网络连接

② 检查服务器网卡配置。网卡配置的检查主要包含各网卡 IP 配置和路由配置两部分。

- 检查各网卡 IP 地址、子网掩码、网关的配置是否与规划保持一致，主要有以下两种方式。

方式一：单击鼠标右键选择“数据库”或“设备”网卡，依次选择“状态→详细信息”来查看具体的 IP 配置信息，如图 6–27 所示。

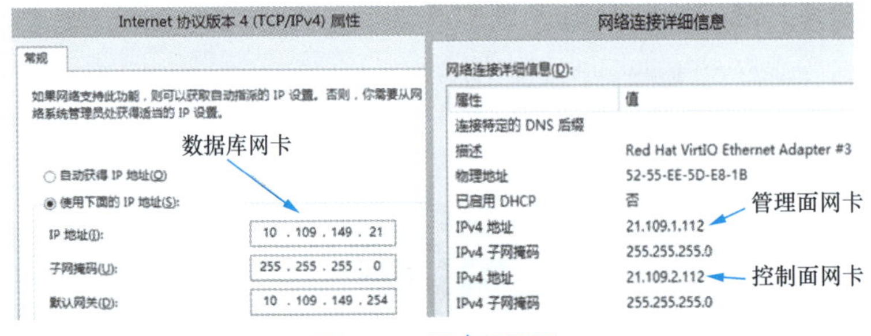

图6–27 网卡IP配置

方式二：使用 cmd 命令行，用 ipconfig /all 命令检查 IP 配置是否正确，如图 6–28 所示。

图6–28 选用cmd命令行查看IP配置

```
    子网掩码  . . . . . . . . . . . . . : 255.255.255.0
    默认网关. . . . . . . . . . . . . . :
    DHCPv6 IAID . . . . . . . . . . . . : 475157998
    DHCPv6 客户端 DUID  . . . . . . . . : 00-01-00-01-27-69-E5-58-52-55-EE-53-C9-7D

    DNS 服务器  . . . . . . . . . . . . : fec0:0:0:ffff::1%1
                                          fec0:0:0:ffff::2%1
                                          fec0:0:0:ffff::3%1
    TCPIP 上的 NetBIOS  . . . . . . . . : 已启用

以太网适配器 数据库:

    连接特定的 DNS 后缀 . . . . . . . :
    描述. . . . . . . . . . . . . . . : Red Hat VirtIO Ethernet Adapter
    物理地址. . . . . . . . . . . . . : 52-55-EE-53-C9-7D
    DHCP 已启用 . . . . . . . . . . . : 否
    自动配置已启用. . . . . . . . . . : 是
    IPv4 地址 . . . . . . . . . . . . : 10.109.149.21(首选)
    子网掩码  . . . . . . . . . . . . : 255.255.255.0
    默认网关. . . . . . . . . . . . . : 10.109.149.254
    TCPIP 上的 NetBIOS  . . . . . . . : 已启用
```

图6-28　选用cmd命令行查看IP配置（续）

- 使用 cmd 命令行，用 route print 命令检查主机路由表是否正确，如图 6-29 所示。

```
永久路由:
  网络地址          网络掩码  网关地址  跃点数
       21.1.1.0    255.255.255.0      21.109.1.1       1
       21.2.1.0    255.255.255.0      21.109.2.1       1
        0.0.0.0          0.0.0.0  10.109.149.254      默认
```

图6-29　使用cmd命令行检查主机路由表

③ 检查网卡工作状态是否正常。

使用 Ping 命令“Ping 网关 IP -l 10000 -n 300”，Ping 大包至网关 5min，查看时延和分组丢失情况，确认网络状态是否正常，如图 6-30 所示。

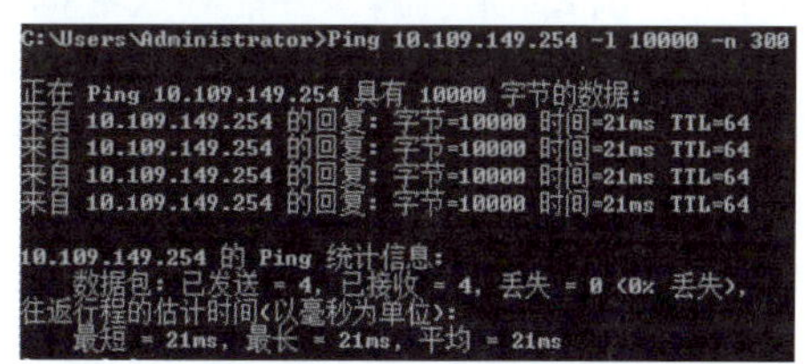

图6-30　使用Ping命令检查网络状态

（3）参考标准

① 网络连接配置正确。

② 通过 ipconfig/all 命令查询到的 IP 应仅为数据库网卡 IP 和设备网卡 IP（管理面及控制面），无不明 IP。

③ 通过 route print 命令查询到的主机路由表中，仅包含为工程而添加的路由，无不明路由。

④ 使用 Ping 大包命令 Ping 的结果应无异常时延、抖动和分组丢失。

6.2.4　网络管理系统检查项目

❶ 检查网络管理系统数据安全

众所周知，“软件有价，数据无价”，保证网络管理系统的数据安全是承载网维护的重中之重。保证网络管理系统各种备份文件按要求建立，可防止数据意外丢失（如网络管理系统软硬件崩溃）时能及时恢复，亦可方便问题处理与排查时的查询。日常维护中需备份的文件主要为网络管理系统配置文件，该文件包含业务配置数据、设备信息、告警、日志及操作等信息。

（1）维护周期

每日。

（2）操作步骤

在网络管理服务器中，进入 D:\emsback 目录下检查是否存在备份的网络管理系统配置文件。网络管理系统默认每天凌晨 3 时自动导出一份配置文件到默认路径 D:\UNM2000\ emsback 下。告警、性能、日志、安全、网络管理系统配置等数据均通过该方式自动备份。如图 6-31 所示。

图6-31　网络管理系统自动备份文件

（3）参考标准

网络管理系统配置文件的备份文件命名如 20200312_030012_allback，应当与作业计划相符，无遗漏，并能导入数据库，且应存在外部介质或远程 FTP 文件服务器的定期备份。

2 检查网络管理系统的运行状态

确保网络管理软件及 MySQL 数据库运行稳定、无隐患。

（1）维护周期

每周。

（2）操作步骤

① 选择服务器系统“菜单”→“管理工具”→“服务”，查看以“UNM_”开头的服务、MySQL 数据库服务的运行状态是否显示为“正在运行”，如图 6-32 所示。

② 检查网元在位情况，应无灰网元、无灰机框、无灰机盘。

③ 在网络管理系统界面，查看机盘告警、性能、状态，正常时应返回对应的告警、性能、状态，如返回超时或失败，应查找原因。

（3）参考标准

① 网络管理系统及数据库关键服务状态应为“正在运行”，且 MySQL 数据库服务启动属性设置为“自动”。可使用批处理命令“startAllService.bat”一次开启所有网络管理系统相关服务。

② 可登录网元、单盘，在允许的权限内查看告警、性能、状态，确保无脱管情况发生。

名称	描述	状态	启动类型	登录为
System Events Broker	协调...	正在运行	自动(触发...	本地系统
Task Scheduler	使用...	正在运行	自动	本地系统
TCP/IP NetBIOS Helper	提供 ...	正在运行	自动(触发...	本地服务
Telephony	提供...		手动	网络服务
Themes	为用...	正在运行	自动	本地系统
Thread Ordering Server	提供...		手动	本地服务
UnmBus	Locati...	正在运行	手动	本地系统
UNMCMAgent		正在运行	手动	本地系统
UNMCMService		正在运行	手动	本地系统
UnmNode1	Starts...	正在运行	手动	本地系统
UnmPasNode	Starts...	正在运行	手动	本地系统
UnmServiceMonitor		正在运行	手动	本地系统

图6-32　网络管理系统服务的运行状态

❸ 检查网络管理系统故障管理功能

保证网络管理系统的故障管理功能健全、无隐患。

（1）维护周期

每月。

（2）操作步骤

① 检查设备告警与网络管理系统告警灯对应状态是否一致，对应关系如下（如图 6-33 所示）。

- 通信中断（包括逻辑域通信中断、网元通信中断和网盘通信中断），灰色（在实际界面中）；
- 紧急告警（指使业务中断并需要立即进行故障检修的告警），红色（在实际界面中）；
- 主要告警（指影响业务并需要立即采取故障检修的告警），橙色（在实际界面中）；
- 次要告警（指不影响业务，但需要采取故障检修以阻止恶化的告警），黄色（在实际界面中）
- 提示告警（指不影响现有业务，但有可能成为影响业务的告警，可视需要采取故障检修），蓝色（在实际界面中）。

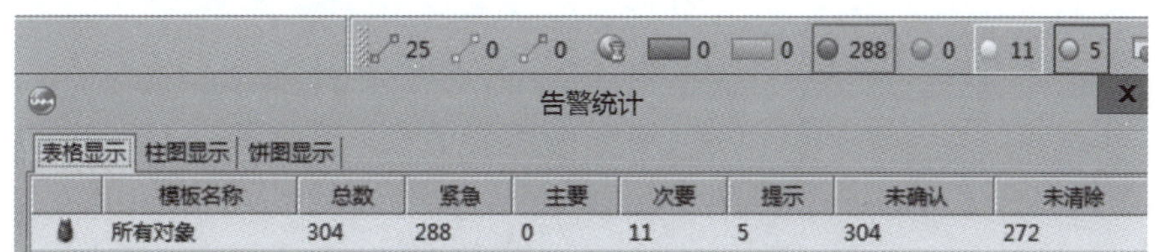

模板名称	总数	紧急	主要	次要	提示	未确认	未清除
所有对象	304	288	0	11	5	304	272

图6-33　网络管理系统告警统计

② 检查告警屏蔽设置功能

设置告警屏蔽规则可以屏蔽界面显示的某些告警，使用户聚焦重要告警，提高故障解决效率。

● 网络管理侧告警屏蔽。设置网络管理侧告警屏蔽后，被屏蔽的告警应不在界面上显示。单击鼠标右键选择对应告警,选择“屏蔽”;或在主菜单中选择“告警”→“设置”→“告警屏蔽规则”，通过设置告警屏蔽规则进行告警屏蔽，如图 6-34 所示。

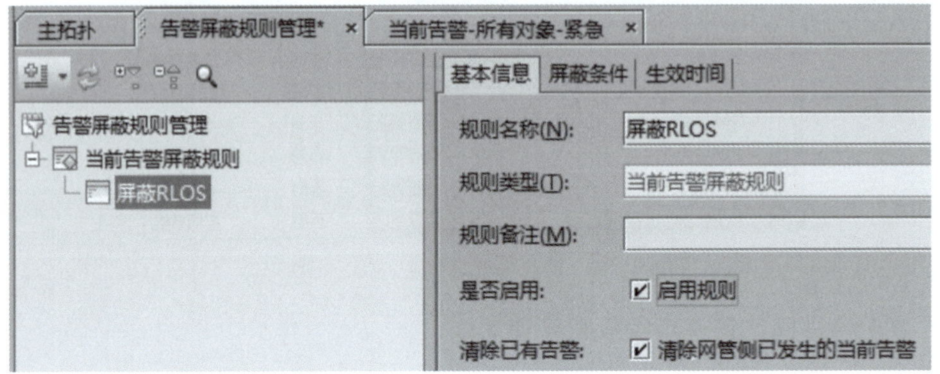

图6-34　网络管理侧告警屏蔽设置

● 设备侧告警屏蔽。设置设备侧告警屏蔽后，被屏蔽的设备告警应不上报到网络管理系统。在网元管理器的操作树中选择“告警”→“设备侧告警屏蔽”,勾选“待屏蔽告警”，并单击鼠标右键，在菜单中选择“设置屏蔽”，如图 6-35 所示。

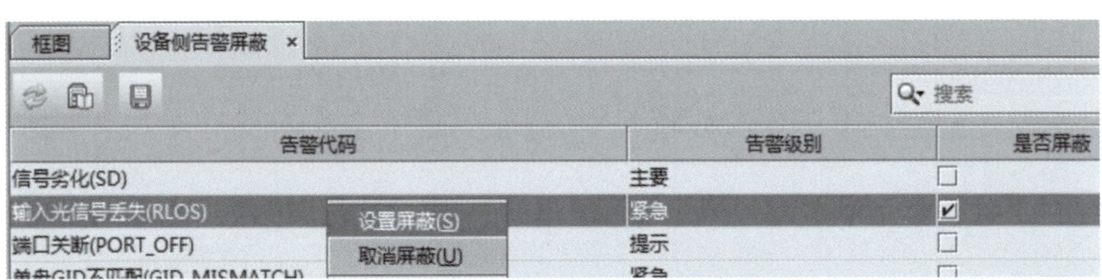

图6-35　设备侧告警屏蔽设置

③ 检查告警声光设置功能

● 在主菜单中选择“系统”→“参数设置”→“告警设置”→“本地设置”→“告警颜色”，修改告警级别与告警灯颜色的对应关系，如图 6-36 所示。

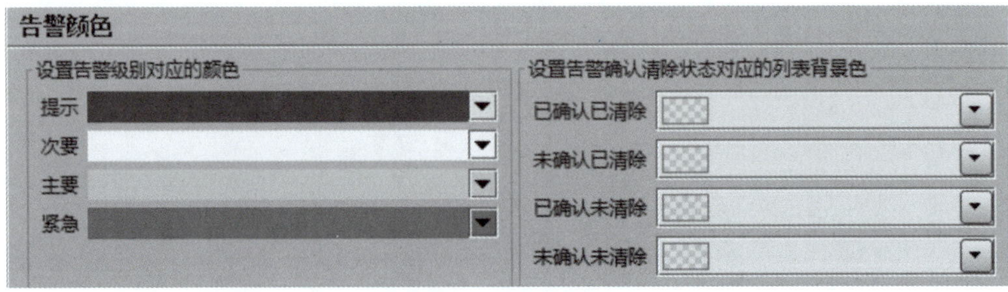

图6-36　告警颜色设置

● 在主菜单中选择“系统”→“参数设置”→“告警设置”→“本地设置”→“告警声音”，修改告警级别与声音的对应关系，如图 6–37 所示。

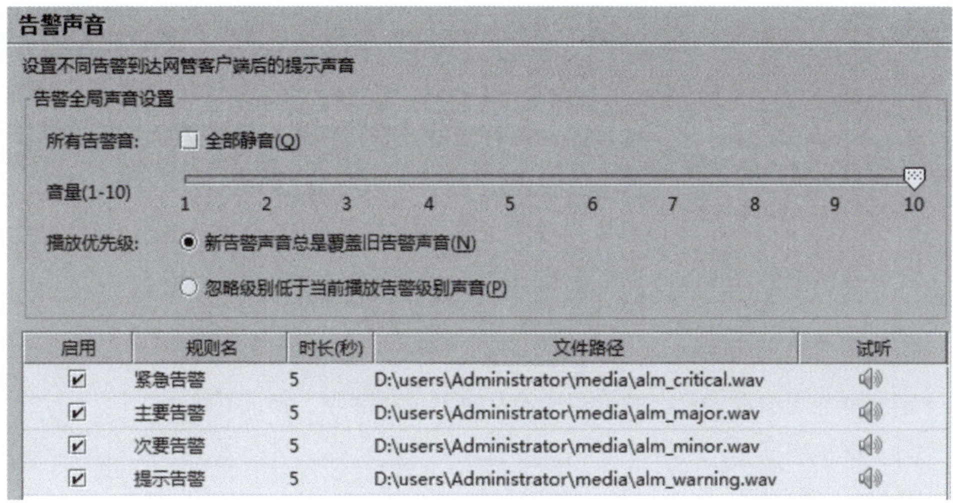

图6–37 告警声音设置

（3）参考标准

① 网络管理系统界面上，网元、设备、机盘告警灯指示正常，与实际告警情况相匹配。

② 可进行网络管理侧、设备侧告警屏蔽。

③ 可设置声光告警上报，包括自定义声音、颜色。

4 检查网络管理系统主界面物理拓扑

合理布置网元位置，便于美观和设备维护。

（1）维护周期

每季度。

（2）操作步骤

打开网络管理系统主界面物理拓扑（如图 6-38 所示），按照下面的参考标准进行检查。

（3）参考标准

① 网元之间连线无交叉的情况。

② 可以明显区分两个网元之间的多条连线。

③ 不同设备类型的网元采用不同的图标。

④ 整个网络拓扑在界面上的整体布局合理，没有明显的乱摆乱放现象。

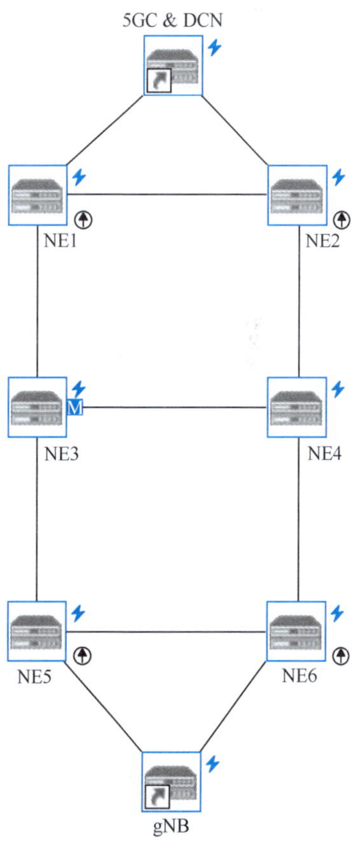

图6–38 网络管理系统主界面物理拓扑

6.2.5 查询告警

告警是网络中一些参数异常的提示信息，可分为当前告警和历史告警。设备通常通过指示灯告警，网络管理系统有完善的告警指示页面，可通过声音和图标闪烁等方式提示网络管理员对告警进行处理。

- 当前告警：网络中未被清除，当前仍然存在，保存在网络管理系统当前告警库中的告警数据。
- 历史告警：已清除已确认状态的当前告警，经过自定义的时延后转为历史告警，保存在网络管理系统的历史告警库中。

1 查询当前告警

定期浏览当前告警可有助于故障的及时发现和清除，保证网络稳定运行。

（1）维护周期

每日。

（2）操作步骤

① 查询逻辑域或网元告警：单击鼠标右键选择左侧“浏览树”中的逻辑域或网元对象，在弹出的快捷菜单中选择“告警事件”→“当前告警”，显示逻辑域或网元的当前告警界面。

② 查询单盘当前告警：进入网元管理器，单击鼠标右键选择框视图中的对应单盘，然后在菜单中选择“当前告警”，显示单盘的当前告警界面，如图 6-39 所示。

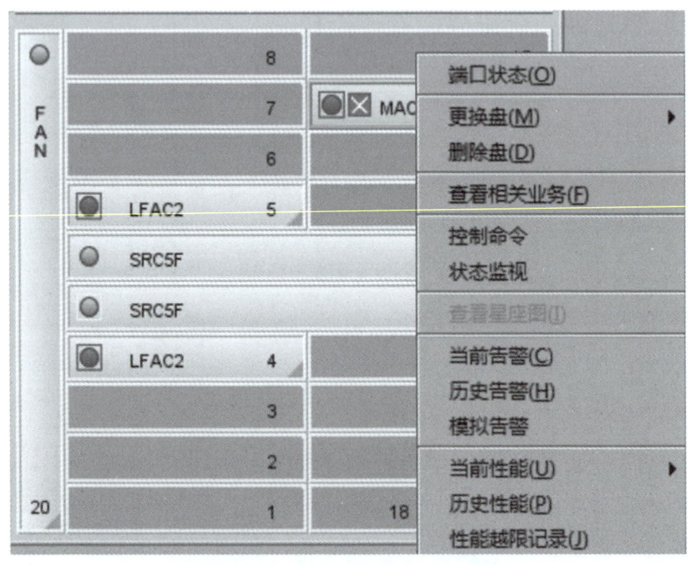

图6-39 查询单盘当前告警

（3）参考标准

① 可查询当前告警、历史告警并设置查询条件；可进行告警确认；查询告警时

可显示告警代码、名称、地址、发生时间、结束时间、确认等信息。

② 设备应不存在异常的当前告警，须重点关注输入光信号丢失（RLOS）、分组丢失过限（PK_LOS）、功率过低（IOP_LOW）、通信中断（MCOMFAIL）、保护倒换失败（SW_FAIL）、单盘 CPU（CPU_USE_PER_OVER）/ 内存（MEM_USE_PER_OVER）/ 磁盘占用率过高（DISK_USE_PER_OVER）等告警。若存在，需要及时处理。网元当前告警如图 6-40 所示。

框图　网元-当前告警-NE6

编号	图标	级别	名称	确认状态	清除状态	告警源	定位信息
34854		次要	等待恢复(SWTR)	未确认	设备清除	LAB-G1:NE6	SRC5F[16]::Inside-TP1:1--VP:tunnel-id=2
34853		紧急	光模块不在位(OTRX_ABS...	未确认	未清除	LAB-G1:NE6	LFAC2[04]::50GE_2(面板口--Phy_O:if-name=flexe-50gi0/4/0/2)
34852		紧急	光模块不在位(OTRX_ABS...	未确认	未清除	LAB-G1:NE6	LFAC2[05]::50GE_2(面板口--Phy_O:if-name=flexe-50gi0/5/0/2)
34851		紧急	连接信号丢失(LINK_LOS)	未确认	未清除	LAB-G1:NE6	MAC8[14]::GE_8(面板口--Ethernet:if-name=eth-1gi0/14/0/8)
34850		紧急	连接信号丢失(LINK_LOS)	未确认	未清除	LAB-G1:NE6	MAC8[14]::GE_7(面板口--Ethernet:if-name=eth-1gi0/14/0/7)
34849		紧急	连接信号丢失(LINK_LOS)	未确认	未清除	LAB-G1:NE6	MAC8[14]::GE_6(面板口--Ethernet:if-name=eth-1gi0/14/0/6)
34848		紧急	连接信号丢失(LINK_LOS)	未确认	未清除	LAB-G1:NE6	MAC8[14]::GE_5(面板口--Ethernet:if-name=eth-1gi0/14/0/5)
34847		紧急	连接信号丢失(LINK_LOS)	未确认	未清除	LAB-G1:NE6	MAC8[14]::GE_3(面板口--Ethernet:if-name=eth-1gi0/14/0/3)
34846		紧急	连接信号丢失(LINK_LOS)	未确认	未清除	LAB-G1:NE6	MAC8[14]::GE_2(面板口--Ethernet:if-name=eth-1gi0/14/0/2)
34845		紧急	连接信号丢失(LINK_LOS)	未确认	未清除	LAB-G1:NE6	MAC8[14]::GE_1(面板口--Ethernet:if-name=eth-1gi0/14/0/1)
33120		紧急	PCC通信中断(PCC_DOWN)	未确认	未清除	LAB-G1:NE6	NE6

图6-40　网元当前告警

② 查询历史告警

通过网络管理系统查询历史告警，获取设备在过去一段时间所出现的异常数据，指导当前的维护工作，对分析网络结构、制订优化方案具有参考价值。

（1）维护周期

每日。

（2）操作步骤

① 查询逻辑域或网元告警：右键单击左侧浏览树中的“逻辑域”或“网元对象”，在弹出的快捷菜单中选择“告警事件”→“历史告警”，显示逻辑域或网元的历史告警界面，如图 6-41 所示。

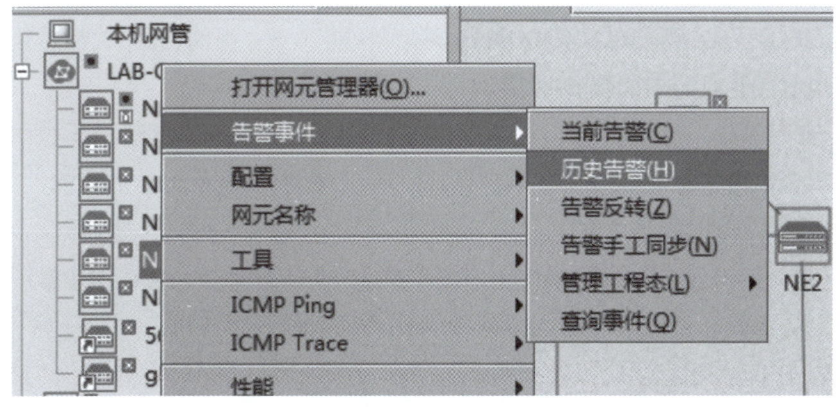

图6-41　网元历史告警

② 查询单盘历史告警：进入“网元管理器”，右键单击框视图中的对应单盘，在右键菜单中选择“历史告警”，显示单盘的历史告警界面。

（3）参考标准

设备不应存在重复出现的紧急告警或重要告警。系统近期如多次出现某紧急告警或重要告警，应做好记录，并分析系统可能存在的安全隐患，及时排除安全隐患，降低设备出现运行异常的风险。

6.2.6 查询性能

性能是设备在网络中运行的质量统计数据，分析性能数据可以更好地帮助维护人员了解网络状态，优化网络结构，预防网络可能发生的故障。性能数据包括当前性能数据和历史性能数据。

- 当前性能数据：设备在当前网络中的性能数据，以 15min 或 24h 为时间标准进行数据取值。
- 历史性能数据：过去一段时间内网元检测到的性能数据，网络管理系统中存储的历史性能数据，设置查询的起止时间点，以 15min 或 24h 为时间标准进行数据取值。

1 查询当前性能

通过查询性能上报情况，判断设备是否稳定运行，及时排除隐患。通常须查询主控盘、业务接口盘的性能。

- 查询主控盘的性能：及时检查设备的温度及供电电压是否异常。
- 查询业务接口盘的性能：获取系统的误码计数等。

（1）维护周期

每日。

（2）操作步骤

① 查询逻辑域或网元性能：单击鼠标右键选择界面左侧浏览树中的“逻辑域”或“网元对象”，在弹出的快捷菜单中选择“性能”→“当前性能”，显示逻辑域或网元的当前性能界面，如图 6-42 所示。

② 查询单盘当前性能：进入“网元管理器”，单击鼠标右键选择框视图中的对应单盘，再单击鼠标右键，在菜单中选择“当前性能”，显示单盘的当前性能界面。

（3）参考标准

① 业务接口盘 CRC 错包计数（CRC_ERR）、坏包计数（RX_BDPK）均为 0，同时无对应的收坏包过限（RX_ERR）、分组丢失过限告警（PK_LOS）；输入 / 输出光功率处于正常范围。

② CPU/ 内存 / 磁盘利用率处于正常范围，无对应利用率过限告警。

网元当前性能（15min）如图 6-43 所示。

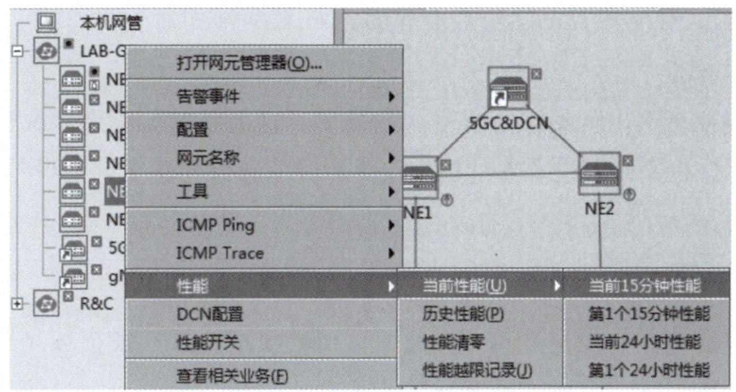

图6-42　网元当前性能

...	性能源	对象名称	性能分组	性能代码	英文性能代码	性能值
...	LAB-G1:NE6	MAC8[14]::单盘:slot=0/14/0	环境监控性能	机盘温度(BOARD_TEMP)	BOARD_TEMP	39.56°C
...	LAB-G1:NE6	LFAC2[05]::单盘:slot=0/5/0	环境监控性能	机盘温度(BOARD_TEMP)	BOARD_TEMP	38.00°C
...	LAB-G1:NE6	LFAC2[04]::单盘:slot=0/4/0	环境监控性能	机盘温度(BOARD_TEMP)	BOARD_TEMP	38.00°C
...	LAB-G1:NE6	SRC5F[17]::单盘:slot=0/17/0	环境监控性能	机盘温度(BOARD_TEMP)	BOARD_TEMP	58.00°C
...	LAB-G1:NE6	SRC5F[16]::单盘:slot=0/16/0	环境监控性能	机盘温度(BOARD_TEMP)	BOARD_TEMP	58.00°C
...	LAB-G1:NE6	MAC8[14]::单盘:slot=0/14/0	通用管理	CPU利用率(CPU_UTILIZATION)	CPU_UTILIZATION	32.00%
...	LAB-G1:NE6	LFAC2[05]::单盘:slot=0/5/0	通用管理	CPU利用率(CPU_UTILIZATION)	CPU_UTILIZATION	3.00%
...	LAB-G1:NE6	LFAC2[04]::单盘:slot=0/4/0	通用管理	CPU利用率(CPU_UTILIZATION)	CPU_UTILIZATION	8.00%
...	LAB-G1:NE6	SRC5F[17]::单盘:slot=0/17/0	通用管理	CPU利用率(CPU_UTILIZATION)	CPU_UTILIZATION	9.00%
...	LAB-G1:NE6	SRC5F[16]::单盘:slot=0/16/0	通用管理	CPU利用率(CPU_UTILIZATION)	CPU_UTILIZATION	13.00%
...	LAB-G1:NE6	MAC8[14]::单盘:slot=0/14/0	通用管理	磁盘利用率(DISK_UTILIZATION)	DISK_UTILIZATION	4.59%
...	LAB-G1:NE6	LFAC2[05]::单盘:slot=0/5/0	通用管理	磁盘利用率(DISK_UTILIZATION)	DISK_UTILIZATION	5.75%
...	LAB-G1:NE6	LFAC2[04]::单盘:slot=0/4/0	通用管理	磁盘利用率(DISK_UTILIZATION)	DISK_UTILIZATION	5.77%
...	LAB-G1:NE6	SRC5F[17]::单盘:slot=0/17/0	通用管理	磁盘利用率(DISK_UTILIZATION)	DISK_UTILIZATION	11.55%
...	LAB-G1:NE6	SRC5F[16]::单盘:slot=0/16/0	通用管理	磁盘利用率(DISK_UTILIZATION)	DISK_UTILIZATION	12.11%
...	LAB-G1:NE6	MAC8[14]::GE_6--Phy_O(面板口--Phy_O:if-name=eth...	光功率性能	输入光功率(IOP)	IOP	收无光
...	LAB-G1:NE6	MAC8[14]::GE_4--Phy_O(面板口--Phy_O:if-name=eth...	光功率性能	输入光功率(IOP)	IOP	-8.24dBm
...	LAB-G1:NE6	MAC8[14]::GE_1--Phy_O(面板口--Phy_O:if-name=eth...	光功率性能	输入光功率(IOP)	IOP	收无光
...	LAB-G1:NE6	MAC8[14]::GE_7--Phy_O(面板口--Phy_O:if-name=eth...	光功率性能	输入光功率(IOP)	IOP	收无光
...	LAB-G1:NE6	MAC8[14]::GE_3--Phy_O(面板口--Phy_O:if-name=eth...	光功率性能	输入光功率(IOP)	IOP	收无光
...	LAB-G1:NE6	MAC8[14]::GE_2--Phy_O(面板口--Phy_O:if-name=eth...	光功率性能	输入光功率(IOP)	IOP	收无光
...	LAB-G1:NE6	MAC8[14]::GE_5--Phy_O(面板口--Phy_O:if-name=eth...	光功率性能	输入光功率(IOP)	IOP	收无光

图6-43　网元当前性能（15min）

2 查询历史性能

维护人员可通过查询和分析设备的历史性能数据，了解网络的运营效率，对网络未来的性能进行预测，为网络的进一步规划提供参考；需要保证性能采集相关的网络管理服务和数据库服务正常启动，并且建立性能采集任务。

（1）维护周期

每日。

（2）操作步骤

① 查询逻辑域或网元性能：右键单击界面左侧浏览树中的“逻辑域”或“网元对象”，在弹出的快捷菜单中选择“性能”→“当前性能”，显示逻辑域或网元的历史性能界面。

② 查询单盘历史性能：进入“网元

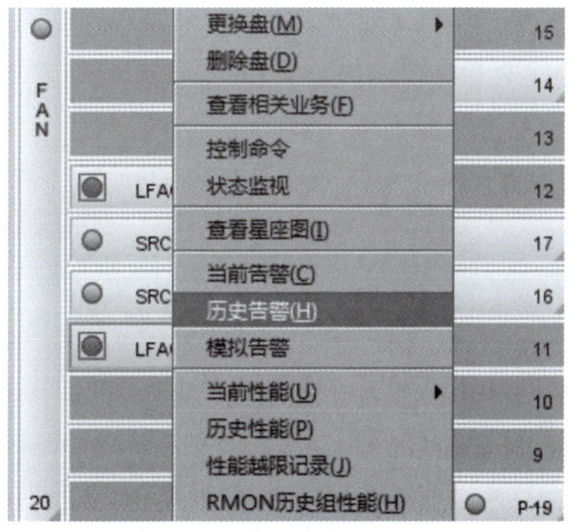

图6-44　查询单盘历史性能

管理器”，单击鼠标右键选择框视图中的对应单盘，再单击鼠标右键，在菜单中选择“历史性能”，显示单盘的历史性能界面，如图 6-44 所示。

（3）参考标准

设备不存在多次出现的性能异常。系统的某性能参数如近期多次出现异常，应做好记录，并分析系统可能存在的安全隐患，及时排除隐患，降低设备运行的风险。

6.2.7 查询光功率

当光接口的接收、发送光功率异常时，可能会产生误码或损坏光器件。通过网络管理系统查询光接口盘的接收光功率和发送光功率，确保光接口的发送、接收光功率都在正常范围内，保证设备正常工作。

（1）维护周期

每月。

（2）操作步骤

下面介绍查询光功率的 3 种常见方式。

方式一：通过光模块状态查询光功率。

① 进入网元的“网元管理器”：在网络管理系统窗口左侧浏览树中双击相应网元。

② 进入网元的“状态命令行”选项卡：在“网元管理器”窗口的左侧操作树上选择“高级”→“状态命令行”。

③ 查询光模块状态：在“状态命令行”窗口下，选择“接口状态”→“光模块状态”，如图 6-45 所示。

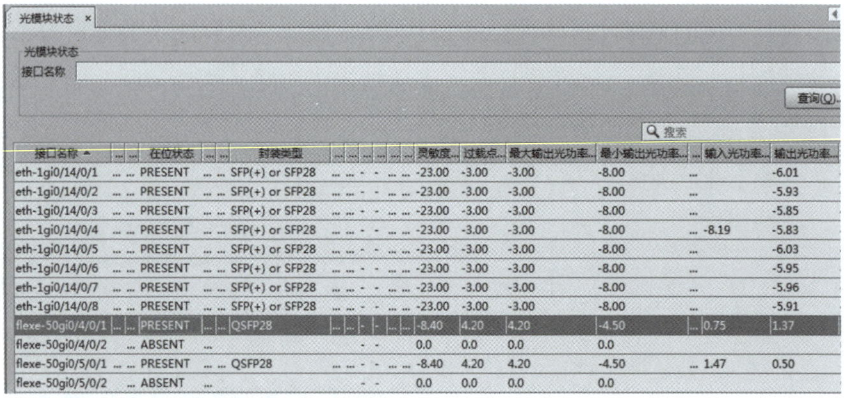

光模块状态 ×

光模块状态

接口名称

查询(Q)...

搜索

接口名称	...	...	在位状态	...	...	封装类型	...	...	...	...	...	...	灵敏度...	过载点...	最大输出光功率...	最小输出光功率...	...	输入光功率...	输出光功率...
eth-1gi0/14/0/1	...	...	PRESENT	...	...	SFP(+) or SFP28	...	...	-	-	...	...	-23.00	-3.00	-3.00	-8.00	...		-6.01
eth-1gi0/14/0/2	...	...	PRESENT	...	...	SFP(+) or SFP28	...	...	-	-	...	...	-23.00	-3.00	-3.00	-8.00	...		-5.93
eth-1gi0/14/0/3	...	...	PRESENT	...	...	SFP(+) or SFP28	...	...	-	-	...	...	-23.00	-3.00	-3.00	-8.00	...		-5.85
eth-1gi0/14/0/4	...	...	PRESENT	...	...	SFP(+) or SFP28	...	...	-	-	...	...	-23.00	-3.00	-3.00	-8.00	...	-8.19	-5.83
eth-1gi0/14/0/5	...	...	PRESENT	...	...	SFP(+) or SFP28	...	...	-	-	...	...	-23.00	-3.00	-3.00	-8.00	...		-6.03
eth-1gi0/14/0/6	...	...	PRESENT	...	...	SFP(+) or SFP28	...	...	-	-	...	...	-23.00	-3.00	-3.00	-8.00	...		-5.95
eth-1gi0/14/0/7	...	...	PRESENT	...	...	SFP(+) or SFP28	...	...	-	-	...	...	-23.00	-3.00	-3.00	-8.00	...		-5.96
eth-1gi0/14/0/8	...	...	PRESENT	...	...	SFP(+) or SFP28	...	...	-	-	...	...	-23.00	-3.00	-3.00	-8.00	...		-5.91
flexe-50gi0/4/0/1	...	...	PRESENT	...	...	QSFP28	...	...	-	-	...	...	-8.40	4.20	4.20	-4.50	...	0.75	1.37
flexe-50gi0/4/0/2		...	ABSENT	...					-	-			0.0	0.0	0.0	0.0			
flexe-50gi0/5/0/1	...	...	PRESENT	...	...	QSFP28	...	...	-	-	...	...	-8.40	4.20	4.20	-4.50	...	1.47	0.50
flexe-50gi0/5/0/2		...	ABSENT	...					-	-			0.0	0.0	0.0	0.0			

图6-45　查询光功率（1）

方式二：通过物理拓扑连线查询。

在物理拓扑视图下，单击鼠标右键选择任意两个网元之间的连线，选择“查看光功率”选项卡，如图 6-46 所示。

方式三：通过光接口盘查询。

① 进入网元的框视图：左键双击网络管理系统界面左侧浏览树中的网元，调出对应的框视图。

② 进入单盘当前性能查看输入 / 输出光功率：右键单击框视图中的光接口盘，然后在菜单中选择“当前性能”→“当前 15min 性能”，弹出当前性能选项卡，在该窗口中查看对应光接口的输入 / 输出光功率，如图 6-47 所示。

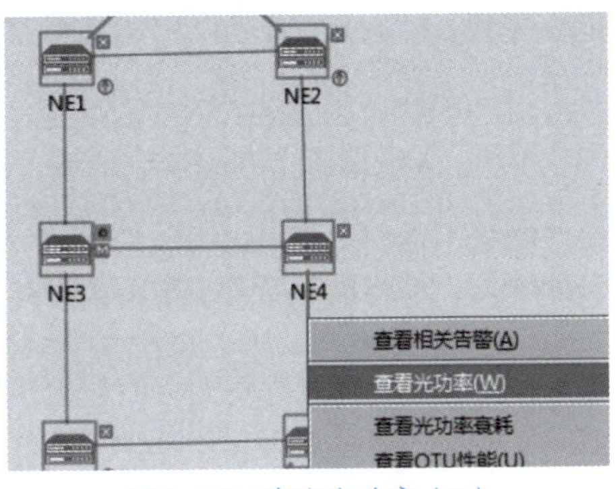

图6-46　查询光功率（2）

框图　盘-当前性能-LFAC2[5]

序号	性能源	对象名称	性能分组	性能代码	英文性能代码	性能值
10	LAB-G1:NE6	LFAC2[05]::50GE_1--Phy_O(面板口--Phy_O:if-name=flexe-50gi0/5/0/1)	光功率性能	输入光功率峰值(IOP_MAX)	IOP_MAX	1.47dBm
12	LAB-G1:NE6	LFAC2[05]::50GE_1--Phy_O(面板口--Phy_O:if-name=flexe-50gi0/5/0/1)	光功率性能	输入光功率均值(IOP_MEAN)	IOP_MEAN	1.47dBm
9	LAB-G1:NE6	LFAC2[05]::50GE_1--Phy_O(面板口--Phy_O:if-name=flexe-50gi0/5/0/1)	光功率性能	输入光功率(IOP)	IOP	1.47dBm
11	LAB-G1:NE6	LFAC2[05]::50GE_1--Phy_O(面板口--Phy_O:if-name=flexe-50gi0/5/0/1)	光功率性能	输入光功率谷值(IOP_MIN)	IOP_MIN	1.47dBm
14	LAB-G1:NE6	LFAC2[05]::50GE_1--Phy_O(面板口--Phy_O:if-name=flexe-50gi0/5/0/1)	光功率性能	输出光功率峰值(OOP_MAX)	OOP_MAX	-0.28dBm
13	LAB-G1:NE6	LFAC2[05]::50GE_1--Phy_O(面板口--Phy_O:if-name=flexe-50gi0/5/0/1)	光功率性能	输出光功率(OOP)	OOP	-0.28dBm
16	LAB-G1:NE6	LFAC2[05]::50GE_1--Phy_O(面板口--Phy_O:if-name=flexe-50gi0/5/0/1)	光功率性能	输出光功率均值(OOP_MEAN)	OOP_MEAN	-0.29dBm
15	LAB-G1:NE6	LFAC2[05]::50GE_1--Phy_O(面板口--Phy_O:if-name=flexe-50gi0/5/0/1)	光功率性能	输出光功率谷值(OOP_MIN)	OOP_MIN	-0.31dBm
1	LAB-G1:NE6	LFAC2[05]::50GE_2--Phy_O(面板口--Phy_O:if-name=flexe-50gi0/5/0/2)	光功率性能	输入光功率(IOP)	IOP	不在位
2	LAB-G1:NE6	LFAC2[05]::50GE_2--Phy_O(面板口--Phy_O:if-name=flexe-50gi0/5/0/2)	光功率性能	输入光功率峰值(IOP_MAX)	IOP_MAX	不在位
3	LAB-G1:NE6	LFAC2[05]::50GE_2--Phy_O(面板口--Phy_O:if-name=flexe-50gi0/5/0/2)	光功率性能	输入光功率谷值(IOP_MIN)	IOP_MIN	不在位
4	LAB-G1:NE6	LFAC2[05]::50GE_2--Phy_O(面板口--Phy_O:if-name=flexe-50gi0/5/0/2)	光功率性能	输入光功率均值(IOP_MEAN)	IOP_MEAN	不在位
5	LAB-G1:NE6	LFAC2[05]::50GE_2--Phy_O(面板口--Phy_O:if-name=flexe-50gi0/5/0/2)	光功率性能	输出光功率(OOP)	OOP	不在位
6	LAB-G1:NE6	LFAC2[05]::50GE_2--Phy_O(面板口--Phy_O:if-name=flexe-50gi0/5/0/2)	光功率性能	输出光功率峰值(OOP_MAX)	OOP_MAX	不在位
7	LAB-G1:NE6	LFAC2[05]::50GE_2--Phy_O(面板口--Phy_O:if-name=flexe-50gi0/5/0/2)	光功率性能	输出光功率谷值(OOP_MIN)	OOP_MIN	不在位

图6-47　查询光功率（3）

（3）参考标准

输入 / 输出光功率在规定或建议范围内，表明光模块正常工作，具体指标见表 6-4（表中为双纤双向光模块）。

表 6-4　光模块指标

速率	距离（km）	中心波长范围（nm）	发光功率范围（AVG/dBm）	过载光功率（AVG/dBm）	最差灵敏度（AVG/dBm）	上限标准（AVG/dBm）	下限标准（AVG/dBm）
50GE	10	1 304 ～ 1 317.5	−4.5 ～ 4.2	4.2	−8.4	2.2	−5.4
	40		0.4 ～ 6.7	−3.4	−15.1	−5.4	−12.1
GE	10	1 310	−8 ～ −3	−3	−20	−5	−17
	40	1 310	−5 ～ 0	−3	−23	−5	−20
	80	1 550	−2 ～ 3	−3	−25	−5	−22

6.2.8　检查设备的运行状态

1　检查设备 CPU、内存、磁盘占用率

软件升级时须查询对应单盘的磁盘占用率，确认是否有剩余磁盘空间上传软件

包或存储 log 日志。若剩余可用磁盘空间过小，将导致新增的 log 数据文件无法保存、升级文件包无法继续上传。当单盘状态回调、告警查询等外部事件反馈过慢时，须确认 CPU 或内存占用率是否过高。若 CPU 或内存占用率过高，会影响主控盘 / 业务盘的任务处理和事件调度，可能会导致主控盘无法及时处理新增配置、响应外部事件变化，严重时还会影响协议状态，导致业务中断。

（1）维护周期

每日。

（2）操作步骤

在 6.2.6 节中，我们介绍了可以在设备“当前性能”窗口下查看 CPU、内存以及磁盘占用率与信息，在本小节中我们将介绍如何在“状态命令行”窗口下查看上述信息，具体操作过程如下。

① 进入网元的“网元管理器”：在网络管理系统窗口左侧浏览树窗格中双击相应网元。

② 进入网元的“状态命令行”选项卡：在“网元管理器”窗口左侧的操作树上选择“高级”→“状态命令行”。

● 查询磁盘占用信息状态：单击“磁盘占用信息状态”，在弹出的选项卡中单击“查询”，如图 6-48 所示。

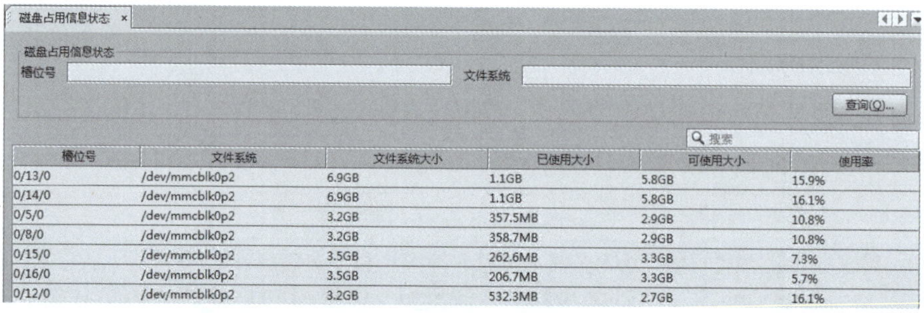

磁盘占用信息状态 ×

磁盘占用信息状态

槽位号 文件系统

查询(Q)...

搜索

槽位号	文件系统	文件系统大小	已使用大小	可使用大小	使用率
0/13/0	/dev/mmcblk0p2	6.9GB	1.1GB	5.8GB	15.9%
0/14/0	/dev/mmcblk0p2	6.9GB	1.1GB	5.8GB	16.1%
0/5/0	/dev/mmcblk0p2	3.2GB	357.5MB	2.9GB	10.8%
0/8/0	/dev/mmcblk0p2	3.2GB	358.7MB	2.9GB	10.8%
0/15/0	/dev/mmcblk0p2	3.5GB	262.6MB	3.3GB	7.3%
0/16/0	/dev/mmcblk0p2	3.5GB	206.7MB	3.3GB	5.7%
0/12/0	/dev/mmcblk0p2	3.2GB	532.3MB	2.7GB	16.1%

图6-48 磁盘占用信息

● 查询 CPU、内存占用信息状态：单击“CPU 内存占用信息状态”，在弹出的选项卡中单击“查询”，如图 6-49 所示。

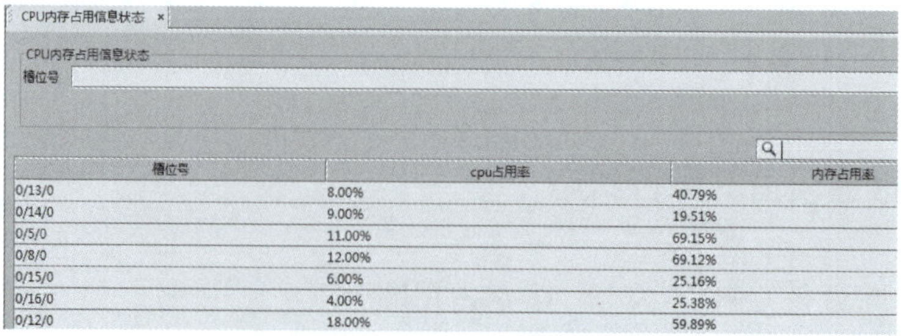

CPU内存占用信息状态 ×

CPU内存占用信息状态

槽位号

槽位号	cpu占用率	内存占用率
0/13/0	8.00%	40.79%
0/14/0	9.00%	19.51%
0/5/0	11.00%	69.15%
0/8/0	12.00%	69.12%
0/15/0	6.00%	25.16%
0/16/0	4.00%	25.38%
0/12/0	18.00%	59.89%

图6-49 CPU、内存占用信息

（3）参考标准

① CPU 的占用率应低于 75%。

② 主控盘内存占用率应低于 75%，业务盘内存利用率应低于 85%。

③ 磁盘占用率应低于 70%。

2 检查机盘温度

如果机盘工作温度过高，将使系统处于高危状态。若在此状态下长期运行，有可能引起误码、业务中断等问题，甚至导致机盘损坏。定期进行机盘温度检查，可以将故障消除在未发生前，有利于网络稳定运行。

（1）维护周期

每周。

（2）操作步骤

① 查询网元的"当前告警"，检查单盘是否存在机盘温度过限告警（TEMP_TCT）。

② 在网元的"状态命令行"选项卡下，选择"设备状态"→"芯片温度信息"。查询机盘当前温度、风扇调速门限、告警门限和回差值。芯片温度信息查询结果如图 6-50 所示。

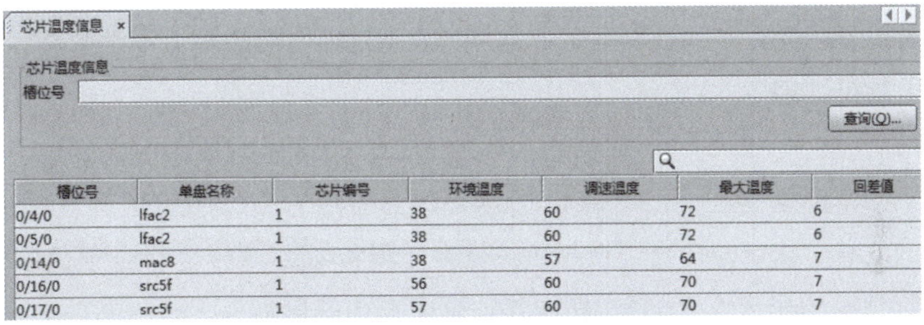

芯片温度信息 ×

芯片温度信息

槽位号

查询(Q)...

槽位号	单盘名称	芯片编号	环境温度	调速温度	最大温度	回差值
0/4/0	lfac2	1	38	60	72	6
0/5/0	lfac2	1	38	60	72	6
0/14/0	mac8	1	38	57	64	7
0/16/0	src5f	1	56	60	70	7
0/17/0	src5f	1	57	60	70	7

图6-50 芯片温度信息查询结果

- 环境温度：表示当前盘温。
- 调速温度：表示风扇调速门限，当盘温大于或等于这个温度时，风扇升档。
- 最大温度：表示告警门限，当盘温大于或等于这个温度时，上报盘温越限的告警。
- 回差值：当调速温度与环境温度的差值大于或等于回差值时风扇开始降档，直至降至最低转速。

（3）参考标准

各单盘盘温正常，无机盘温度过限告警（TEMP_TCT）。

3 检查风扇单元

通过查看风扇单元调速模式、运行档位和风扇转速来判断风扇单元运转是否正常，防止因风扇单元故障导致设备温度过高，影响设备正常工作。当设备出现温度过高告警时，可查询风扇目前的运行档位，适当调高档位。

（1）维护周期

每周。

（2）操作步骤

① 查询网元的“当前告警”，检查是否存在风扇故障告警（FANALM）。

② 在网元的“状态命令行”选项卡下，选择“设备状态”→“风扇信息”，查询风扇的调速模式、风扇档位及转速信息。风扇信息查询结果如图 6-51 所示。

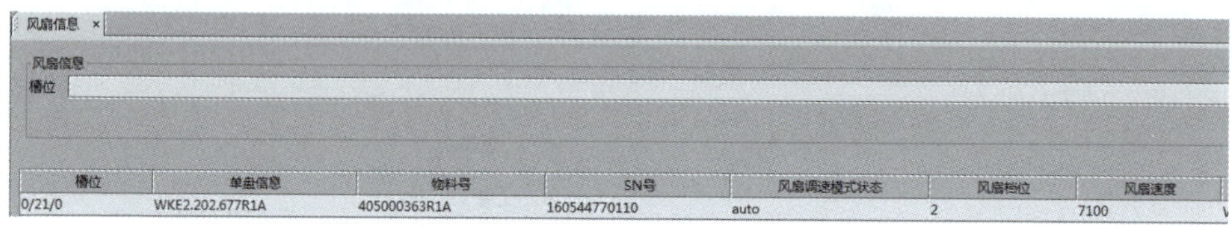
风扇信息 ×

风扇信息

槽位

槽位	单盘信息	物料号	SN号	风扇调速模式状态	风扇档位	风扇速度
0/21/0	WKE2.202.677R1A	405000363R1A	160544770110	auto	2	7100

图6-51　风扇信息查询结果

（3）参考标准

各网元无 FANALM 告警，正常情况下，“风扇调速模式状态”应设置为“auto”。

❹ 查看设备运行时间

查看设备的运行时间可以确定设备是否发生过掉电等故障。

（1）维护周期

每周。

（2）操作步骤

在网元的“状态命令行”选项卡下选择“设备状态”→“ 设备单盘信息”，在弹出的选项卡中单击“查询”，在回显信息中查询各单盘的上线时间。单盘上线时间查询结果如图 6-52 所示。

设备单盘信息 ×

设备单盘信息

槽位号索引	cpu编号	单盘上线时间	单盘名	单板角色信息	单盘注册信息	单盘初始化状态	单盘在位信息
0/4/0	1	0days 01:29:37	lfac2	Primary	Y	OK	Online
0/5/0	1	0days 01:29:35	lfac2	Primary	Y	OK	Online
0/14/0	1	0days 01:29:21	mac8	Primary	Y	OK	Online
0/16/0	1	0days 01:33:15	src5f	Primary	Y	OK	Online
0/17/0	1	0days 01:32:25	src5f	Backup	Y	OK	Online
0/19/0	1	0days 01:30:19	PWR	Primary	Y	OK	Online
0/20/0	1	0days 01:30:19	FAN	Primary	Y	OK	Online

图6-52　单盘上线时间查询结果

（3）参考标准

单盘上线时间应与实际运行时间一致。

5 查看单盘工作状态

确保主控盘主备状态正常，交叉盘、业务盘工作状态正常，能有效地完成对设备的管理，无隐患。检查业务盘的盘在位状态，确保单盘正常工作。

（1）维护周期

每日。

（2）操作步骤

在网元的“状态命令行”选项卡下选择“设备状态”→“设备单盘信息”，在弹出的选项卡中单击“查询”，在回显信息中查看各盘的主备角色、注册信息、单盘初始化状态、单盘在位信息。设备单盘信息查询结果如图 6-53 所示。

设备单盘信息 ×

设备单盘信息

槽位号索引	cpu编号	单盘上线时间	单盘名	单板角色信息	单盘注册信息	单盘初始化状态	单盘在位信息
0/4/0	1	0day 01:29:37	lfac2	Primary	Y	OK	Online
0/5/0	1	0day 01:29:35	lfac2	Primary	Y	OK	Online
0/14/0	1	0day 01:29:21	mac8	Primary	Y	OK	Online
0/16/0	1	0day 01:33:15	src5f	Primary	Y	OK	Online
0/17/0	1	0day 01:32:25	src5f	Backup	Y	OK	Online
0/19/0	1	0day 01:30:19	PWR	Primary	Y	OK	Online
0/20/0	1	0day 01:30:19	FAN	Primary	Y	OK	Online

图6-53　设备单盘信息查询结果

（3）参考标准

① 主控盘的“单板角色信息”应为一主（Primary）一备（Backup）。

② 各盘的“单盘在位信息”均应为“Y”，“单盘初始化状态”均为“OK”。

6 检查电源电压

通过检查设备电源供电、防雷接地情况来判定设备的基本运行环境。

（1）维护周期

每周。

（2）操作步骤

① 首先定位主用主控盘，然后查询主用主控盘的“当前性能”，查看各电源盘的电压是否正常。电压查询结果如图 6-54 所示。图 6-54 中的电压为 19 槽位电源盘的电压。

框图　盘-当前性能-SRC5F[16] ×

序号	性能源	对象名称	性能分组	性能代码	英文性能代码	性能值
6	LAB-G1:NE6	SRC5F[16]::电源:slot=0/19/0	环境监控性能	机架供电电压(RACK_POWER)	RACK_POWER	-53V

图6-54　电压查询结果

② 查询网元的“当前告警”，查看是否有电源故障告警（POWERALM）、电压过低告警（VOLT_LOW）、电压过高告警（VOLT_HIGH）、业务盘 -48V 电压关断告警（SHUT_DOWN_48V）等。

（3）参考标准

电压标准：标准直流电压 -48V，正常范围 -57 ～ -40V，且各网元无 POWERALM、VOLT_LOW、VOLT_HIGH、SHUT_DOWN_48V 等电源故障类告警。

6.2.9 检查设备的数据安全

通过对前面内容的学习，我们知道了网络管理系统的配置文件是以时间顺序命名的 .zip 文件，设备底层的配置文件的文件名为“网元 IP.cfg”（每个设备的网元都是不同的）。上述网络管理系统及设备配置文件的组合即为 5G 承载网的数据集合。在本节中，我们将介绍如何检查设备的数据安全，主要包括设备启动文件检查及主备主控配置文件同步检查。

（1）检查设备启动文件：每次设备重启，均会加载设备底层的 cfg 文件。因此，对于日常通过网络管理系统修改配置后保存的 cfg 文件，需要将其设置为下次设备重启后加载的文件，这样才能够保证业务数据的完整性。

（2）检查主备主控配置文件同步：当主控盘发生故障时，会触发备盘倒换为主盘，若此时配置文件不同步，会造成业务中断。因此，通过检查以确保主备主控盘的 cfg 文件同步。

❶ 检查设备启动文件

（1）维护周期

每日。

（2）操作步骤

在网元的“状态命令行”选项卡下选择“启动配置状态”→“启动配置信息”，在弹出的选项卡中单击“查询”，在回显信息中查看“下次启动的配置文件名”。启动配置信息如图 6-55 所示。

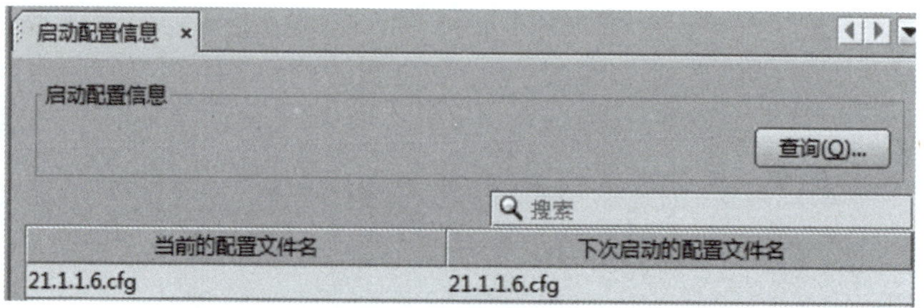

图6-55　启动配置信息

（3）参考标准

“配置文件名”和“下次启动的配置文件名”应与底层规划配置一致，即文件名为“网元 IP.cfg”。

❷ 检查主备主控配置文件同步

（1）维护周期

每日。

（2）操作步骤

在网元的“状态命令行”选项卡下选择“设备状态”→“主备状态信息”，在弹出的选项卡中单击“查询”,在回显信息中查看“主备状态”。主备状态查询如图 6-56 所示。

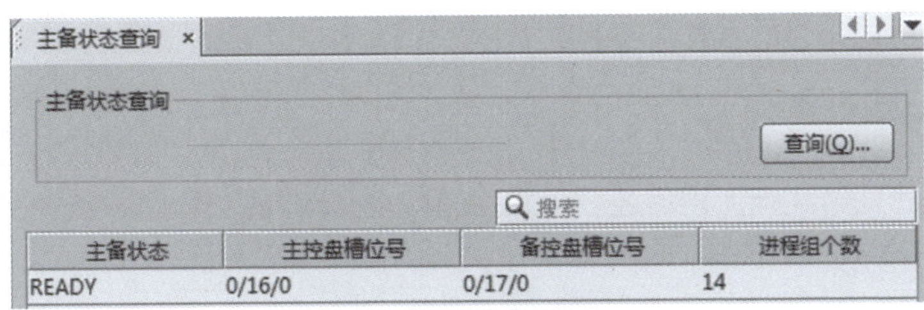

图6–56　主备状态查询

（3）参考标准

“主备状态”应为“READY”，此时表明主备主控盘之间的配置文件已同步。

6.2.10　实训单元——网络管理服务器检查

基于承载网网管中心维护规范，熟练掌握网络管理服务器检查项目的操作流程及注意事项。

使用 5G 承载网网络管理软件，实施网管中心维护过程中的网络管理服务器检查项目。

实训准备

1. 实训环境准备

（1）硬件：可登录 5G 承载网网络管理服务器的计算机终端。

（2）软件：5G 承载网网络管理服务器操作系统 Windows Server 2012。

2. 相关知识点要求

（1）5G 承载网网络管理服务器与设备通信网络构建原理。

（2）5G 承载网网络管理服务器各检查项目的操作步骤。

实训步骤

1. 检查网络管理服务器网络连接设置。
2. 检查网络管理服务器网卡配置。
3. 检查网络管理服务器网卡工作状态。

能够基于任务实施流程描述，正确且高效地完成网络管理服务器检查项目。

实训小结

实训中的问题：______________________________

____

____

问题分析：______________________________

____

____

问题解决方案：______________________________

____

____

思考与拓展

1. 5G 承载网网络管理服务器一般有几张网卡？每张网卡的作用是什么？
2. 5G 承载网网络管理服务器上一般包含哪些主机路由条目？

6.2.11 实训单元——网络管理系统检查

基于承载网网管中心维护规范，熟练掌握网络管理系统检查项目的操作流程及注意事项。

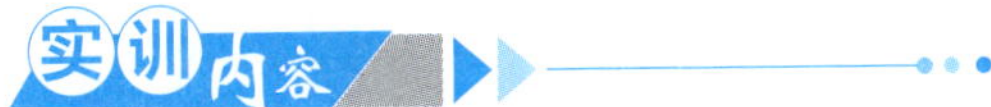

使用 5G 承载网网络管理软件，实施网管中心维护过程中的网络管理系统检查项目。

实训准备

1. 实训环境准备

（1）硬件：可登录 5G 承载网网络管理软件的计算机终端。

（2）软件：5G 承载网网络管理系统软件。

2. 相关知识点要求

（1）5G 承载网网络管理系统架构、功能及使用方法。

（2）5G 承载网网络管理系统检查各项目的操作方法。

实训步骤

1. 检查网络管理系统数据安全。
2. 检查网络管理系统运行状态。
3. 检查网络管理系统故障管理功能。

评定标准

能够基于任务实施流程描述，正确且高效地使用网络管理软件完成网络管理系统检查项目。

实训小结

实训中的问题：____

问题分析：

问题解决方案：

思考与拓展

1. 网络管理系统的配置文件默认自动导出的路径是什么？
2. 网络管理侧告警屏蔽和设备侧告警屏蔽的区别是什么？

6.2.12 实训单元——设备检查

基于承载网网管中心维护规范，熟练掌握设备检查项目的操作流程及注意事项。

使用 5G 承载网网络管理软件，实施网管中心维护过程中的设备检查项目。

实训准备

1. 实训环境准备
   （1）硬件：可登录 5G 承载网网络管理软件的计算机终端，且能正常监管承载网设备。
   （2）软件：5G 承载网网络管理软件。
2. 相关知识点要求
   （1）5G 承载网业务配置方法。

（2）5G 承载网设备检查各项目的操作方法。

实训步骤

1. 查询承载网设备历史告警。
2. 查询承载网设备当前 24h 性能。
3. 查询承载网设备单盘收发光功率。
4. 检查承载网设备运行状态。
5. 检查承载网设备数据安全。
6. 检查承载网设备基础数据配置。

评定标准

能够基于任务实施流程描述，正确且高效地使用网络管理软件完成设备检查项目。

实训小结

实训中的问题：____

____

____

问题分析：____

____

____

问题解决方案：____

____

____

思考与拓展

1. 请简述如何通过“状态命令行”判断设备的 IS-IS 协议是否存在故障。
2. 请简述如何通过“状态命令行”查看承载网设备主备主控盘所在的槽位。

任务 3 承载网维护记录表编写

【任务前言】

在学习现场维护或网管中心维护时，我们了解到不同项目的维护周期是不一样的，有的检查项目需要每日维护，而有的只需每年维护。对于这些维护项目，如果按照维护周期的不同进行分类，采用不同的维护周期表记录维护结果，可以使纷繁复杂的检查项目清晰明了。

【任务描述】

本项任务将现场维护及网管中心维护项目按照日、周、月、季、年的维护周期进行分类，并形成相应的维护记录表模板，学员应能够将任务 1 和任务 2 的检查结果填到对应的维护记录表中，用于记录存档。

【任务目标】

熟练根据不同周期维护记录表进行承载网维护，并保存对应结果。

知识储备

6.3.1 日维护记录表

承载网日维护项目是每天必须进行的维护项目。用户随时通过网络管理系统掌握设备运行情况，及时排除故障和消除隐患，确保业务稳定，维护完成后须详细记录故障现象和处理方法。日维护记录表如表 6-5 所示。

表 6-5 日维护记录表

维护记录表 - 日					
维护日期：			工程名称：		
记录人：			审核人：		
项目名称	维护对象	维护子项	检查内容	结果	不正常原因
检查网络管理系统数据安全	网络管理系统	配置文件备份	1. 备份配置文件以“yy-mm-dd-name.dcg”命名，备份无遗漏，并能导入数据库； 2. 配置文件默认在 D：\ 网络管理系统 \emsback 目录下	□正常 □不正常	
检查设备数据安全	主控盘	cfg 配置文件	1. 保证“配置文件名”和“下次启动的配置文件名”与底层规划配置一致； 2. 保证主备盘配置同步，主备主控盘同步状态应为“READY”	□正常 □不正常	
检查设备CPU、内存、磁盘占用率	主控盘 / 业务盘	CPU 占用率	CPU 的占用率低于 75%	□正常 □不正常	
		内存占用率	主控盘内存占用率低于 75%，业务盘内存利用率低于 85%	□正常 □不正常	
		磁盘占用率	磁盘占用率低于 70%	□正常 □不正常	
查询告警	网络管理系统	查询当前告警	设备不存在异常的当前告警	□正常 □不正常	
		查询历史告警	设备不存在重复出现的紧急告警或重要告警	□正常 □不正常	
查询性能	网络管理系统	查询当前性能	设备不存在异常的当前性能	□正常 □不正常	
		查询历史性能	设备不存在重复出现的异常性能	□正常 □不正常	
检查 SR-TP 1 ：1 保护状态	保护组	—	1. 各 SR-TP 1 ：1 保护组，应无 SWR、SWTR、SW_FAIL、BACKUP_FAULT、LOCK_MAIN、FORCE_SWITCH、MANUAL_SWITCH 告警； 2. 在各 SR-TP 1 ：1 保护组状态详情中，“倒换状态”“主 lsp 状态”“备 lsp 状态”均为“normal”	□正常 □不正常	
检查 IS-IS 协议状态	协议	—	1.IS-IS 各实例的邻居数目与规划配置一致； 2.IS-IS 各实例的“邻居状态”均为“up”，“建立时长”与实际协议 up 时间一致	□正常 □不正常	
检查 PCEP 状态	协议	—	1.PCE 服务器应与各网元建立 PCEP 连接； 2.“会话状态”应为“up”，“会话 up 时间”应与实际 up 时间一致	□正常 □不正常	

续表

检查单盘状态信息	主控盘、业务盘、电源盘、风扇单元	—	1. 各盘无机盘温度过限告警（TEMP_TCT）； 2. 各盘“单板角色信息”均为 Primary; 3. 各盘的“单盘在位信息”均应为“Y”，“单盘初始化状态”均为“OK”； 4. 主控盘“单板角色信息”应为一主（Primary）一备（Backup）	□正常 □不正常	
发现问题及处理情况记录					
遗留问题说明					

6.3.2 周维护记录表

每周对设备的运行状态、环境进行检查，掌握设备运行情况，及时排除故障、消除隐患，确保设备稳定运行。周维护记录表如表 6-6 所示。

表 6-6 周维护记录表

维护记录表 – 周				
维护日期：		工程名称：		
记录人：		审核人：		
项目名称	维护对象	检查内容	结果	不正常原因
检查网络管理服务器外部环境	网络管理服务器	1. 创造防尘、防潮、防磁、散热良好的合格外部环境 2. 线缆连接牢固正确、极性正常、接触良好	□正常 □不正常	
检查网络管理服务器网络运行状态	网络管理服务器	1. 服务器“网络连接”配置是否正常; 2. 服务器各网卡 IP 及路由配置是否正常; 3. 各网卡工作状态是否正常，使用 Ping 大包命令 Ping 的结果有无时延和分组丢失	□正常 □不正常	
检查网络管理服务器运行状态	网络管理服务器	1. 网络管理服务器及数据库关键服务状态应为“正在运行”； 2. MySQL 数据库服务启动属性设置为“自动”； 3. 告警、性能、状态获取正常;	□正常 □不正常	
查看设备运行时间	设备	检查设备运行时间是否正常	□正常 □不正常	
检查电源电压	设备	检查设备是否有电源供电告警、防雷告警来判定设备的基本运行环境情况	□正常 □不正常	
检查机盘温度及风扇单元	设备	1. 检查机盘温度是否正常，有无“盘温过高告警”； 2. 检查风扇单元调速模式、运行档位以及风扇转速来判断风扇单元运转是否正常	□正常 □不正常	
发现问题及处理情况记录				
遗留问题说明				

6.3.3 月维护记录表

每月对承载网设备进行相关项目的维护，通过定期检查网络管理系统、机房内各种线缆的连接，确保网络管理系统信息安全。月维护记录表如表 6-7 所示。

表 6–7 月维护记录表

维护记录表 – 月				
维护日期：		工程名称：		
记录人：		审核人：		
项目名称	维护对象	检查内容	结果	不正常原因
检查网络管理系统故障管理功能	网络管理系统	故障管理功能健全，无隐患。检查内容包括网管的告警状态、告警信息导出、告警上报是否正常等	□正常 □不正常	
查询光功率	设备	确保光功率发送、接收均在规定范围内，排除光线路隐患	□正常 □不正常	
检查线路侧静态 ARP	规划配置	线路侧 L3 接口是否均绑定静态 ARP	□正常 □不正常	
发现问题及处理情况记录				
遗留问题说明				

6.3.4 季维护记录表

每季度对承载网设备进行相关项目的维护，通过定期检查网络管理系统远程功能、设备接地，清洁风扇单元等，确保设备的正常运行。季维护记录表如表 6-8 所示。

表 6–8 季维护记录表

维护记录表 – 季				
维护日期：		工程名称：		
记录人：		审核人：		
项目名称	维护对象	检查内容	结果	不正常原因
检查网络管理系统主界面物理拓扑	网络管理系统	检查网元位置、网络连纤是否布置合理	□正常 □不正常	
清洁风扇单元	风扇单元	检查是否定期清洁风扇单元	□正常 □不正常	
发现问题及处理情况记录				
遗留问题说明				

6.3.5 年维护记录表

每年对承载网设备进行相关项目的维护，检查性能采集是否开启，保持设备清洁卫生和检查备品备件，保证设备能更好地运行及采集运行数据。承载网设备年维护记录表如表 6-9 所示。

表 6-9　年维护记录表

维护记录表 – 年				
维护日期：		工程名称：		
记录人：		审核人：		
项目名称	维护对象	检查内容	结果	不正常原因
检查结构安装和纤缆	设备	检查设备结构安装及纤缆布放的规范性	□正常 □不正常	
检查机房配套设施	机房	通过检查机房内配套的 ODF 架和标签信息等项目，判定施工质量，降低人为故障发生的概率	□正常 □不正常	
清洁设备	设备	清洁承载网设备和机柜表面灰尘，整理走线架和配线架等配套设备，避免灰尘落入设备或配套设备老化影响设备运行	□正常 □不正常	
检查备件	备件库	检查备件库中的备件外观是否完好、数量充足、机盘软件版本是否与现网保持同步等	□正常 □不正常	
发现问题及处理情况记录				
遗留问题说明				

任务习题

1. 承载网络维护记录表分为哪几类?
2. 清洁风扇单元属于哪一类周期的维护记录表表项?

项目解析